三坊七巷·墙头·门面

中共福州市鼓楼区委宣传部 编

卢为峰 主编

海峡出版发行集团 福建科学技术出版社
THE STRAITS PUBLISHING & DISTRIBUTING GROUP | FUJIAN SCIENCE & TECHNOLOGY PUBLISHING HOUSE

编委会

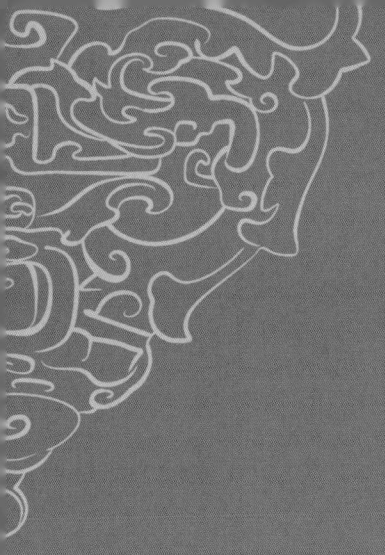

序

千年古城，底蕴深厚；坊巷之间，岁月留痕。三坊七巷，作为我国现存规模最大、保存最完整的古街区，不仅是福建省的文化瑰宝，更是中华民族文化自信的生动写照。这里，每一座古厝、每一块牌坊、每一处埕头，见证了从晋唐、明清到近代的兴衰更迭，感受过文人雅士的吟咏风华，也目睹了革命先烈的英勇斗争，深刻地映射出中华文明的绵延与厚重。

2021年3月，习近平总书记来闽考察时嘱托我们，保护好传统街区，保护好古建筑，保护好文物，就是保存了城市的历史和文脉。对待古建筑、老宅子、老街区要有珍爱之心、尊崇之心。鼓楼区始终牢记习近平总书记的殷殷嘱托，本着对历史负责、人民负责的精神，致力于文化经典的传承与创新，通过实施名人古迹保护、精细修复、活化利用以及教育展示等系列举措，让历史

文化遗产在新时代焕发新机、再展芳华，为提升中华民族的文化自信贡献智慧与力量。

钩稽古韵遗风，启迪千秋愿景。本书的编纂，不仅是对墀头文化的深入挖掘，亦是对三坊七巷深厚历史底蕴的一次深情感悟。书中不仅详细记录了墀头的建筑特色和文化内涵，更通过群众喜闻乐见的方式，展现了墀头背后的历史故事和名人精神。在此，衷心希望本书的出版，能够打开一扇启迪公众文化自觉、自信、自强的大门，愿每一位读者在获得文化熏陶、知识滋养的同时，进一步激发对美好生活的向往和奋斗精神，积极参与到现代化国际城市"最美窗口"的建设之中。

黄建新

2024 年 11 月

前　言

　　当读者朋友翻开这本书时,也许将踏上一段不同寻常的文化之旅。在这里,我们将带着你漫步于福州的历史文化街区——三坊七巷,探寻那些镶嵌在古建筑之上的墀头,聆听它们低声诉说的光阴故事。

　　三坊七巷,这个见证了千年时光流转的街区,不仅是福州的城市象征,更是中国南方民居建筑的杰出代表。然而,三坊七巷引人入胜之处,不只在于建筑,更在于人。中国近现代史上,林则徐、沈葆桢、严复、陈宝琛、林觉民等百余名风云人物曾在此居住,这片坊巷走出了数百位名垂青史的人物。那鳞次栉比的白墙灰瓦,弥漫着太多太多雄才英杰的气息。

　　这条古街巷,故事就如同巷陌中的风,穿梭不息。福州作家贞尧仔习惯在晨光初照时,走进窄巷,在历史痕迹中寻找灵感。马鞍墙的精美雕刻构件,让他为之驻足,心生向往。多方打听之下,他了解到这些探出马鞍墙的雕刻构件,名为墀头。它是白墙灰瓦的重要组成,见证着过往岁月的辉煌。

　　从"天官赐福"到"梅兰竹菊",从"春夏秋冬"到"一鹿同行",墀头上的装饰图案丰富多样,雕工细腻精湛。每一幅图案都蕴含着深厚的文化内涵和美好的祝愿,它们不仅映射出宅子主人的独特个性,更沉淀着一个家族世代相传的优良家风与卓越品格。于是,贞尧仔萌生了一个念头：编撰一本书，将这些墀头的故事与传说分享给更多的人。这一想法得到了福州市委、市政府有关领导的充分认可。在鼓楼区委、区政府的大力支持下，鼓楼区委宣传部进行了精心策划与积极推进，这本书终于得以顺利出版，与广大读者见面。

习近平总书记指出："保护好、传承好历史文化遗产是对历史负责、对人民负责。"秉承这一理念，本书精心收录了三坊七巷上百张风格各异的墀头图案。我们试图通过这些有趣的光影，以及精练的文字，让沉默的墀头开口，希望将它们的故事告诉给更多喜欢三坊七巷的人。

在这里，我们概述了墀头的起源、功能以及在建筑艺术中的价值。为了更精确地解读这些图案背后的寓意及其艺术魅力，我们将墀头图案细分为人物、花鸟、瑞兽、博古、线条、文字等多个类别。此外，为了便于读者朋友探索墀头文化的奥秘，我们不仅对墀头图案的内涵进行了讲解，还逐一标注了每一处墀头的具体位置。如此一来，读者朋友便能轻松地找到最具代表性的墀头，与之产生深刻的心灵对话。

墀头的图案，如同历史的密码，等待着读者朋友一一解读。我们衷心希望，在这本书的陪伴下，读者朋友不仅能领略到墀头图案的细腻与优雅，更能够走进三坊七巷，感受浓郁的历史氛围，体验独特的地域文化，在这场文化探索之旅中满载而归。

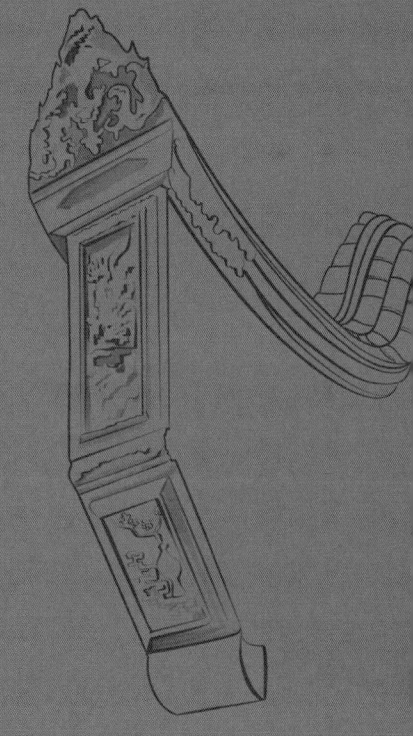

目 录

壹

墙堳凝瑞

　　墙堳凝瑞彩，庭院溢芳华。砖雕诉古韵，门楣绘繁葩。青石铺往事，古巷韵犹赊。

半部近代史，尽在坊巷间

　　三坊七巷，坐落于福州鼓楼南后街，源起于晋唐，繁华于明清，乃官绅文士宅第之聚集地。

　　三坊七巷建筑格局规整，经纬分明，以南后街为中轴线，其西为"三坊"，依次为衣锦坊、文儒坊、光禄坊；其东为"七巷"，依次为杨桥巷、郎官巷、塔巷、黄巷、安民巷、宫巷、吉庇巷。街区中有200余座古建筑，古代文人借天然之景，营造天地，无论庭院、园林，还是花厅、假山，皆各尽其妙。建筑构件多玲珑精巧，

匠心独运。

　　百年间，梁章钜、林则徐、郭柏荫、沈葆桢、陈衍、严复、林觉民、林长民等近现代史上的风流人物，穿梭于三坊七巷，遂有"半部中国近代史，尽在一片坊巷中"之誉。

　　街区内坊巷纵横、石板铺就、白墙瓦屋，集中体现了闽都古民居特色，是中国都市仅存的"里坊制度活化石"，被誉为"明清建筑博物馆"。陈衍吟咏："谁知五柳孤松客，却住三坊七巷间"，道尽了此处人杰地灵。

墙垾凝瑞：三坊七巷的"门面"艺术

　　漫步三坊七巷，轻抚青砖瓦砾，阳光穿透树梢，留下一个个斑驳的光影，与古老的建筑打了个有趣的照面。转过一个弯，或许一个不经意的抬头，你便会被马鞍墙上精美的砖雕构件所吸引。在那约莫2尺（1尺约0.3米）的空间内，"梅兰竹菊""双狮嬉戏""麒麟腾云"等图案纹样栩栩如生，仿佛在诉说着宅子的往日传奇。

　　建筑，不仅是遮风避雨的居所，而且是历史与文化的艺术载体。作为闽派建筑的标志性元素之一，福州的马鞍墙以灰瓦和白墙为主色调，在分割空间、围合庭院的同时，又起到御风防火的作用，也寄托了祈福镇邪的心愿。而马鞍墙延伸到檐柱外的山墙墙体，这就是我们要说的"垾头"了。

墙头，又名"腿子""马头"，或者更为通俗地说，就是"墙头"。作为中国古代传统建筑构件之一，它突出于两边山墙边檐，用以支撑前后出檐。自明代起，砖瓦生产技术大幅进步，墙头被广泛运用于建筑中，承担着排水和阻水的重任。随着时间的推移，墙头从单纯的实用结构，逐渐演化成为具有装饰性的建筑元素，也成为宅子的第一道"门面"。

梁思成在《清式营造则例》中详细解析了建筑结构，提到硬山墙头自下而上通常分为下碱、上身、稍子三个部分，而庑殿、歇山、悬山等建筑则不设稍子。这些专业术语读上去有些复杂，不妨就简单理解为：这是一个有着上、中、下三部分的墙头，即可。

按字面，墙头可以拆解为"墙"与"头"。"头"顾名思义，就是顶部、顶端的意思；而"墙"，则完美地诠释了"山"（山墙）

与"犀"的防御与力量。在中国古代神话中，有一神物，名唤"通天犀"。它的角中藏有贯通上下的孔洞，具有通天达地的神奇功能。晋代葛洪在《抱朴子·内篇·登涉》中描述，"得真通天犀角三寸以上，刻以为鱼，而衔之以入水，水常为人开"。从山墙之巅探出的墀头，也正如那避水的通天犀角，静静拱卫着宅门，为整个建筑增加了几分庄严与神秘。

福州是座滨海之城，台风与雨水是常客。三坊七巷有墀头的建筑不胜枚举。尽管历经岁月洗礼，图案略显斑驳，但仍保留着那份古朴。在此，墀头承担着阻水与装饰的双重职责之外，还彰显着宅子的家风传承、主人的身份地位，带着几分"大隐隐于市"的意味。毕竟，一墙之隔，墙外是喧嚣的市井，墙内是宁静的家园。

已是深秋，雨水依旧密密匝匝，将三坊七巷的墀头冲洗得油光瓦亮。如若举起相机拍摄，多少自带几分"美颜"的效果。那是"乾鹊飞来报好音"的雀跃，是"瑞兽香云轻袅"的祝愿，或是"咬定青山不放松"的坚韧，又或是"但愿人长久，千里共婵娟"的期盼。墙墀凝瑞彩，庭院溢芳华。奇崛多变却又和谐雅致的布局，营造出悠远隽永的意境，赋予了宅子生命的节奏，以及与主人默契相生的从容。

墀头的风采，因宅而生，因人而异。有的雕刻了"蝙蝠展翅""葫芦挂藤""如意称心"的传统图案，巧妙地将"福气满满""多子多福""吉祥如意"的吉祥寓意融入其中；有的则将墀头雕上花鸟、动物图案，取其谐音，既彰显个性，又寄予美好的想象，比如"福鹿相连""一鹿同行""松鹤延年""麒麟吐玉"。

相较之下，还有些主人就显得略微偷懒，他们索性让工匠以刀代笔，刻上了"福禄寿喜"的字样，直白而真诚地表达了对幸福生活的无限向往。

一个宅子的主人性情如何，或许从墙头"门面"便可窥见一斑。

贰

发现不同的美

步入三坊七巷"深宅大院"之前，首先映入眼帘的就是这一家的"门面"。而墀头，作为一个家第一道门面，不仅承担着结构上的作用，更是文化传承与美学表达的窗口。本章起将带您探索墀头的独特构造和装饰之美。

黄璞、梁章钜故居（黄巷 36 号）

墀头的构造：马鞍墙上的艺术

　　墀头的构造自顶部而下，分为墙帽、直牌堵和斜牌堵三个部分。牌堵之上，栩栩如生地呈现了众多代表信仰、移民文化、吉祥文化的装饰图案。这些图案不仅是壁画，更是具有立体感的艺术作品，统称为"灰塑"。灰塑早在唐代就已出现，到了明清时期更是风靡一时。2008 年 6 月 7 日，灰塑被国务院正式列入第二批国家级非物质文化遗产名录，其文化价值与艺术地位由此可见。

　　灰塑的材料在每个地方都颇有不同。在福州，工匠们就地取材，选用竹钉、

墙帽

直牌堵

斜牌堵

铜丝、麻绳打底，将贝壳洗净后用火烧，然后研磨成贝壳灰（有着排湿、透气、稳定的特性），加上一些细沙、白醋、盐及糯米浆并搅拌均匀，最后加上麻毡方可塑型。灰塑的色彩之所以斑斓绚丽且不易褪色，是因为以天然矿石作为颜料。

墀头装饰繁简不一，简单的可能只是多层枭混线，而复杂的可能包含中国传统文化中的各类吉祥图案。工匠们凭借努力和智慧，创造出各式各样、题材丰富的装饰图案，充分展现了墀头的美学价值。

墙帽：古老的冠冕

　　墙帽是指建筑物的女儿墙（即高出屋面的矮墙）顶部的装饰性构件，有时它们也起到保护女儿墙的作用。这些墙帽，或翘角飞檐，或平直沉稳，它们以砖石为骨，以雕刻为魂，将传统技艺的精髓凝聚于方寸之间。

　　在福州马鞍墙的装饰上，墙帽部分一般采用精美丰富的纹饰，图案大致分为卷草纹、夔纹、水纹、回纹、万字纹、如意纹、祥云纹等，有的会结合玉器等象征吉祥的物件，不仅具有装饰美感，也体现了建筑主人的文化品位和对美好生活的追求。不妨通过三坊七巷里各式的墙帽来感受一下，这些纹饰的魅力。值得注意的是，这些纹饰多会以组合的方式出现，相互交织，形成独特的艺术风格。

郭柏荫、郭化若故居（黄巷 4 号）　　　　沈葆桢故居（宫巷 26 号）

黄巷 28 号　　　　刘家大院（宫巷 18 号）

卷草纹

　　卷草纹多以金银花、荷花、兰花、牡丹等花和枝叶为元素。这种纹饰以其优雅的曲线和卷曲的形状著称，在唐代盛行一时，故又称为"唐草纹"。在唐代，人们尤其偏爱用牡丹的花和枝叶作卷草纹，其线条曲折多姿，花朵丰富而精致，层次感分明。牡丹卷草纹叶片卷曲自如，富有弹性；叶脉翻转滚动，动感十足；整个构图既开阔又流畅，既丰满又典雅，散发出无限的生机，彰显了唐代工艺美术的奢华与瑰丽，也为后世的卷草纹设计树立了典范。

　　卷草纹在墙帽上的运用，使得建筑立面呈现出一种生机勃勃的景象，仿佛植物正在攀爬生长。其艺术魅力源于自然主义风格，不仅寓意着生命力的旺盛和家族的兴旺，也象征着四季轮回与自然的和谐共生。

夔纹

　　夔纹，一种源自古代神话的神兽图案，以其独特的抽象形象和神秘气息，成为权威与力量的象征。其在墙帽上的应用，除了为祈求风调雨顺之外，更是为建筑增添了一份庄重与威严。

　　夔，似龙非龙，似蛇非蛇，常见的形象只有一足，口张开，尾上卷，有的为单头，有的则为双头。这种独特的纹饰，自宋代以来，单头图案便被称为"夔纹"或"夔龙纹"，双头图案则被称为"双首夔纹"。有的夔纹已发展为几何图形化的装饰。

　　商周时期的青铜器上，夔纹是一种常见的装饰纹样。夔被视为一足怪兽，寓意风雨来临或大旱到来。古人将其铸刻于青铜器上，以祈求风调雨顺。这些夔纹常出现在簋、卣、觚、彝、尊等器皿的足部、口边和腰部，以直线为主、弧线为辅，展现出古拙之美。

雅道巷 87 号　　　　　　黄家大院（黄巷 59 号）

衣锦坊 54 号　　　　　　闽山巷 1 号

虽然商周以后的青铜器上，夔纹已不再是主流纹饰，但其在其他艺术品上的传承并未中断。《红楼梦》第五十三回就提到了刻有"夔龙纹"的家具："上面两席是李婶、薛姨妈二位。贾母于东边设一透雕夔龙护屏矮足短榻，靠背、引枕、皮褥俱全。"

墙帽上的夔纹应用，也是其中之一。在墙帽上的夔纹，以其张牙舞爪的形象，展现出一种威严和力量。这种纹饰的艺术效果在于它的神秘感和权威性，寓意着家族的尊贵和不可侵犯的地位，同时也体现了古人对神话生物的崇拜。

水纹

水纹，源自水波荡漾的形态，象征着财富的流转与生命的涌动。《西京杂记·卷二》记载："汉诸陵寝，皆以竹为帘，帘皆为水纹及龙凤之像。"这很好地体现了水纹在古代建筑中享有崇高的地位。故而，在墙帽上的装饰中，水纹的运用不仅赋予了建筑生动的气息，也寓意着源源不断的财富与生机。

前蜀词人李珣在《南乡子》中描绘："兰棹举，水纹开，竞携藤笼采莲来。"唐李益《写情》诗云："水纹珍簟思悠悠，千里佳期一夕休。"在中国传统文化中，水不仅是一种美的呈现，也常被赋予智慧、柔顺、包容等特质。墙帽上的水纹，以其波浪形的线条，营造出一种流动感，仿佛建筑与周围的自然环境融为一体。同时，它更被赋予了智慧的象征，寓意着包容万物、顺应自然的哲理。

衣锦坊 67 号　　　　　　　　　　　　　　　　雅道巷 59 号

回纹

回纹，形如"回"字，是由横竖短线折绕组成的方形或圆形的回环状花纹，在民间有"富贵不断头的纹饰"的美称，形式简洁、大方，深受设计师的青睐。

回纹最早是由古代陶器和青铜器上的雷纹衍化来的几何纹饰。历经千年演变，其形式丰富多样，无论是单体的简洁形态，还是一反一正相连的对称形态，或是连续不断的带状形态，回纹都以其独特的几何美感，展现出无穷的魅力。

墙帽上的回纹，以其多样的排列和形态变化，如横向与竖向的交错，长方形、菱形、三角形的组合，以及单线、双线或多线的绘制，甚至网纹的构造，为建筑增添了一抹古朴而典雅的韵味。这些回环往复的线条，不仅营造出视觉上的美感，更寓意着家族的世代相传和事业的连绵不断，是古人对未来的美好期许。

通湖路 251 号　　　　　　　　　　　　　　　文儒坊 56 号

万字纹

万字纹，以"卍"字为形，是我国古代传统的纹饰之一。它曾是护身符和某种信仰的象征，寓意光明与无尽的轮回，与太极图并驾齐驱，各展其妙。

在唐代，武则天长寿二年（693），"卍"字被正式纳入汉字体系，发音为"万"。与回纹主要用于器物边缘或分界的用途不同，万字纹的运用更

天后宫（郎官巷 17 号）　　　　　　　　　　文儒坊 47 号

为广泛，它不仅限于边缘装饰，也能在大面积上展现其壮观的视觉效果。被称为"万字不到头"的万字纹，通过多个"卍"字的连环衔接，形成了一种连续不断的四方图案，象征着吉祥无边、寿命无穷。历代的皇家贵族偏爱将万字纹应用于器物、服饰、建筑和家具的装饰之上，以其为底，搭配龙纹、海水江崖等图案，衍生出万福纹、江山万代纹、万寿无疆纹等多种组合。

　　墙帽之上，万字纹的装饰更是别具一格，不仅代表着吉祥与永恒，其无限循环的形状更是生命无限延续和宇宙永恒运动的象征，传递着吉祥如意、生生不息的情感。墙帽上的万字纹，如同岁月的长河，缓缓流淌，诉说历史沧桑，映射着人们对美好生活的追求与向往。

如意纹

　　如意纹，作为一种传统的中国吉祥图案，其形状优美，被广泛应用于古代服饰、器物、家具等装饰领域。它起源于古代的"爪杖"，也就是"痒痒挠"。这种工具因其使用方便、无须求人、可随意使用而得名"如意"。这一纹饰，不仅是美的点缀，也融合了丰富的文化内涵，成为吉祥与富贵的代名词。

　　如意纹的形态源于如意头、灵芝，形成了独特的云朵形状。它与瓶、戟、

雅道巷 69 号　　　　　　　　　黄璞、梁章钜故居（黄巷 36 号）

安民巷 31 号　　　　　　　　　吉庇巷 61-10 号

磬、牡丹等元素巧妙结合，编织出"平安如意""吉庆如意""富贵如意"等民间广为流传的吉祥图案，映射出中国传统文化的精髓，以及人们对美好生活的热切向往。

如意纹在墙帽上的使用比较普遍，在三坊七巷多个宅院中都能发现，以其优雅的曲线和两端对称的设计，寄托着宅院主人吉祥如意、心想事成的愿景，展现出一种和谐的美。

祥云纹

祥云纹，这一富有中国特色的传统吉祥图案，常被运用于器物、服饰、建筑等的装饰。古人有"平步青云"之说，"云"也就意味着"步步高升"。又因祥云纹形似如意，所以有吉祥的寓意。古人之所以对云有那么多的联想，还是基于那个时候的人们对"天界"，对"神"的向往，想知道云之上有什么。又因"云"有"看得见却摸不着"的特殊性，人们便赋予了它更多的情结。

祥云纹，这一看似简单的图案，历经数千年的演变与丰富，每个时代的祥云纹都烙印着其独特的时代特色，展现了其深厚的底蕴和无穷的魅力。在2008 年北京奥运会上，祥云纹被广泛采用，尤其在奥运火炬的设计上，其灵感源自"渊源共生，和谐共融"的理念，以"祥云"图案呈现，给全球观众留下了深刻的印象。那些优雅的云朵图案，仿佛依然在人们心中缓缓升起，唤起无尽的遐想。

祥云纹的艺术效果在于它轻盈和飘逸的观感，寓意着高远的志向和崇高的理想，同时也体现了人们对自然界的赞美。在建筑上，尤其在墙帽的运用上，祥云纹的装饰象征着天上的祥瑞，代表着高贵、纯洁和吉祥，是一种对家宅的美好祝愿，以及对生活的幸福追求。它在墙帽上的巧妙运用，使得墙帽不仅仅是建筑的一部分，更成为一种文化和艺术载体。

南后街 121 号　　　　　　　　　黄巷 28 号

直牌堵、斜牌堵：优雅的领结

直牌堵和斜牌堵通常是指墀头的装饰性构件。直牌堵是垂直放置的装饰板，而斜牌堵则是倾斜放置的装饰板，它们上面常常雕刻着各种图案或灰塑。

在墀头装饰中，墙帽主要以不同的纹饰进行装饰，而直、斜牌堵的图案显得尤为丰富，笔者大致将其分为六类：人物（如天官赐福、桃园结义等）、花鸟（如梅兰竹菊、牡丹、喜鹊等）、瑞兽（如鹿、麒麟等）、文字、博古、

线条。三坊七巷的直牌堵图案多以花鸟、瑞兽及文字图为主，斜牌堵则以博古图为主，常见的组合方式为"花鸟＋博古图""瑞兽＋博古图"。这些图案往往具有深刻的象征意义，如梅兰竹菊象征高洁的品质，牡丹象征荣华富贵，鹤和鹿象征长寿和高官厚禄等。接下来的篇章将为您详细探究直、斜牌堵的六类图案。

叁

人物图案

　　在马鞍墙的装饰上，出现人物图案的一般分为以下几种：第一种是代表吉祥如意的人物，如福、禄、寿三星和八仙等；第二种是民间信仰人物，如妈祖、关公等；第三种是代表忠义的人物，如岳飞以及《桃园三结义》故事中的刘、关、张等；第四种是戏曲中的人物，比较多是彩绘；第五种是代表理想生活的人物，最为典型的就是渔樵耕读。这些图案代表着传统的生活方式和价值观念，承载着人们对信仰、教育、忠义等各方面的尊崇。

赐福的天官

文儒坊隐藏着一处独特的墀头装饰，那就是位于陈承裘故居直牌堵上的"天官赐福"人物图案。"天官赐福"是墀头装饰的常见图案，但作为三坊七巷目前唯一发现的人物图案，它在这片古巷中显得独一无二。

文儒坊45、47号

天官，又称紫微大帝，在中国古老的神仙谱系中格外引人注目。身为玉清境界的尊贵神灵，他更是民间传颂的"福星"化身。在《醒世姻缘传》第六十七回中，描绘了三官庙前的盛况：信徒如织，顶礼膜拜，口中念念有词"天官赐福，地官赦罪，水官解厄"。这位由青、黄、白三气凝聚而成的神祇，威严而庄重，统治着浩瀚星河中的诸天帝王。每至农历正月十五月圆之夜，天官便脚踏七彩祥云降临人间，进行一年一度的"善恶大审查"，此传说即为"天官赐福"的由来。

在这对墀头装饰中，左右天官，各展风华。左侧的天官，形象保存得相对完好，官帽高耸，五官清晰可辨，长发束于帽内，须髯飘逸，威严而庄重；身着黑袍，双手隐于袖中，云纹绣饰，古朴而典雅。右侧的天官，虽经岁月磨砺，五官略显模糊，但紫袍加身，手持如意，笑容依旧，侧身而立，传达出如意吉祥的寓意。两侧童子，皆虔诚礼拜，似乎在祈求着福泽的降临，敬仰之情溢于言表。

在历史的长河中，天官的形象与古代官制紧密相连，不仅体现了对道教文化的尊崇与信仰，也深植于民间对美好生活的祈愿之中。"天官赐福"的传说与故事，常常与春节、元宵节等传统节日交织，而在此处出现，或许暗示着它与科举文化有不解之缘。

中国古代，科举考试是士子们改变命运的重要途径。主流观点认为，科举考试始于隋代，发展于唐代，至清代达到了顶峰。"朝为田舍郎，暮登天子堂"，这个制度为底层士子们开启了一条通往官场的大道，让他们有机会通过自己的才学，实现社会地位的飞跃。

陈承裘，生于清代中期，正值科举制度的黄金时代。咸丰二年（1852），他凭借自己的才学和努力，高中进士，为家族赢得了荣誉。虽然他不久就隐退故里，但他十分重视子女教育。在科举制度的选拔下，他的六个儿子陈宝琛、陈宝瑨、陈宝璐、陈宝琦、陈宝瑄、陈宝璜也纷纷脱颖而出，其中三人高中进士，三人成为举人，长子陈宝琛更是中国几千年帝王时代的最后一位帝师，即末代皇帝溥仪的老师。"父子四进士，兄弟六科甲"，成了一个不仅属于陈家的荣誉，更属于整个福州的传奇。

墀头文化，作为传统建筑艺术的精髓，"天官赐福"图案不仅装饰了建筑本身，也浓缩了陈氏一门"忠厚传家久，诗书继世长"的家风。看着墀头上的"天官赐福"，试想当年，那双因激动而微微颤抖的手，小心翼翼地接过清廷恩赐的"六子科甲"牌匾，陈承裘的心中是否也涌现出无尽的感慨，以及难以言表的骄傲？

如今，科举考试虽已成为历史，但它在三坊七巷留下的履痕，如同陈承裘故居的"天官赐福"，依旧无声地传送着那段关于勤奋、才华与荣耀的故事。

传承的名士

陈承裘（1827—1895），字孝锡，号子良，出生于闽县螺洲乡（今福州仓山区螺洲镇店前村）。他是清道光年间刑部尚书陈若霖的长孙，出生时正值其祖父获赐"玄狐马褂"，因此被赋予小名"楚恩"。咸丰二年（1852），陈承裘高中进士，随后以主事的身份被分配到刑部浙江司行走。本可在官场一展抱负，但因其父云南布政使陈景亮以足疾乞归后，他选择回归故里，侍奉父亲，致力于造福桑梓。

陈承裘在家乡的 40 年间，乐善好施，即使举债累累，也会毫不犹豫地帮助穷苦乡亲。每年岁末，他都会乘轿出城，寻找那些难以度日的百姓，慷慨解囊。他的善举赢得了乡民的敬仰，无论是乡野村夫还是城中士子，都对他心怀感激。陈承裘不仅关心民生，还积极参与地方事务，处理争端，维护一方安宁。

他生有七子，除了一子早夭外，其余六子都成功考取了科举功名。因此陈家大门上方悬挂着清廷恩赐的"六子科甲"匾额。

保存至今的故居

　　陈承裘故居位于文儒坊西段南侧，原门牌号为61、62号，现为45、47号。
这座始建于清初的宅第，在陈承裘手中得到了修缮与扩充。这座二进带花园的
宅第，坐南朝北，占地约1100平方米，是一座典型的清代建筑。

　　故居的大门有六扇，迎面是一块精美的插屏，左右是耳房。屏后是高大的
围墙，石框二门，门后是天井回廊。正座宽13米，分为3间，进深16米，
前后厅、房间布局合理。大厅的构架精美，驼峰、斗拱、吊柱、雀替等部件雕
刻精细，极具观赏价值。

陈承裘故居（文儒坊45、47号）

　　故居内的窗门装饰着各式漏花，样式繁多，院东的"梅舫"花园更是别具一格，陈承裘手植的老梅至今枝繁叶茂。园西隅有木构书屋3楹，共36平方米，风格朴实。有小楼一座，名"天香楼"，傍假山而建，面积约20平方米，小巧精致。以假山凿成踏步上楼，楼沿木栏杆设美人靠，檐作小翘角，悬2吊柱。1988年，陈承裘故居被公布为区级文物保护单位，成为福州历史的见证之一。

肆

花鸟图案

　　在中国传统文化的浩瀚长河中，花鸟始终承载着吉祥、美好与繁荣的深刻寓意。"无山无水不成居，无宅无院不雕花。"在建筑雕刻艺术的运用上，花鸟也是主人家的心头爱宠。于墀头的直、斜牌堵中，常常会出现一些别致的花鸟图案，诸如沧浪松枝飞白鹭、并蒂莲开戏鸳鸯、梅花朵朵立喜鹊……蕴含着深深的吉祥意味与美好祝福。它们仿佛是岁月沉淀下的艺术瑰宝，见证着历史变迁下，人们对美好生活永恒不变的追求。

第一所宅院的"门面"

　　南后街北口是三坊七巷牌坊设立处，走进这个神奇的近现代名人会聚的街区之前，杨桥东路与坊巷的交接处的"林觉民·冰心故居"，守护着三坊七巷。作为步入坊巷的第一所宅院，它给了大家别开生面的坊巷初印象。这里的墀头左右两边分别是"喜上梅梢"与"松鹤延年"。

　　三坊七巷曾居住过许多近代历史文化名人，有"一片三坊七巷，半部中国近代史"之说。"林觉民·冰心故居"更是见证了那段波澜壮阔的历史。"烈日秋霜，忠肝义胆，千载家谱。"在"林觉民·冰心故居"的墀头直牌堵上，两个图案向我们彰显着这里前后居住的百年世家的审美取向，也映衬着他们的精神品格。这里不仅承载着林觉民的英勇与奉献，也留存着冰心的才情与温暖。

林觉民·冰心故居（杨桥东路 17 号）

喜上梅梢，最火的墀头标志

梅开百花之先，独天下而迎春，是传春报喜的吉祥象征。梅花凌霜傲雪，象征孤傲高洁的品格、坚韧不拔的意志。梅开五朵象征五福。自古以来，梅花就是文人爱物，是他们歌咏的对象。历史上也留下了许多画梅佳作与咏梅诗文。根据《开元天宝遗事》："时人之家闻鹊声，皆为喜兆，故谓灵鹊报喜。"可见在唐代民间就有以喜鹊喻喜庆之事的风俗。"林觉民·冰心故居"墀头上的"喜上梅梢"图案，在风雨的洗礼下已略显斑驳，但仍能看清其间梅花盛放，两只喜鹊成双成对、相互依偎的缱绻情深的画面，蕴藏着"双喜临门""举案齐眉""相濡以沫"的美好寓意。

林觉民与爱妻陈意映伉俪情深，恰似那"喜上梅梢"图案中成双成对的喜鹊，在那个特殊的时代，他们用爱与坚守书写着动人的篇章。在慷慨赴义的前夜，林觉民在《与妻书》中写道："吾至爱汝，即此爱汝一念，使吾勇于就死

也。……吾充吾爱汝之心，助天下人爱其所爱，所以敢先汝而死，不顾汝也。汝体吾此心，于啼泣之余，亦以天下人为念，当亦乐牺牲吾身与汝身之福利，为天下人谋永福也。汝其勿悲！"一方面表达了他对妻子的挚爱深情，爱妻之念也使他勇于赴死；另一方面展现出他以家国为重的博大情怀，希望妻子在悲伤之余，亦能以天下人为念，共同为天下人谋永福，体现了个人小爱与家国大爱紧密融合、相互依存的崇高境界。

如今，当我们再次凝视那"喜上梅梢"的图案，心中不禁涌起对烈士林觉民的敬仰与感慨，感慨他的勇敢与执着，感慨在那段波澜壮阔的历史中，如他一般的人们所展现出的伟大精神。

杨桥东路 17 号

松鹤延年，常伴坊巷之家

　　鹤在古代被视为仙禽。《雀豹古今注》记载："鹤千年则变成苍，又两千岁则变黑，所谓玄鹤也。"古人认为鹤的寿命可以达数千岁，自然把它当成长寿的象征。由于明清一品大员的官服上的服饰图案是鹤，所以人们又称之为"一品鹤"，将鹤当作权力与地位的象征。松被称为"百木之长"，傲雪凌霜、卓然不群，经历严冬而不凋，是"岁寒三友"的首席。在神话中，松树长生不老，故民间有"寿比南山不老松"之说，是与鹤、鹿齐名的长寿象征，也代表着君子的雅致内涵。"松鹤延年"图案寓意为"品格高洁""坚贞不渝""安康长寿"。

　　在那个年代，每一位伟人所展现出来的品质，就是如鹤般高洁、似松般挺拔，傲然屹立，既不畏惧强权，也不屈服于动乱。林氏一门，人才济济。林觉民的叔父、嗣父林孝颖，就是晚清名士，之后更是有治世良才林长民、革命英烈林觉民、革命"飞将"林尹民等人，他们身体力行，为国家前途，为民众福祉，做出自我牺牲。反袁斗士林寒碧、一代才女林徽因，皆为楷模。

杨桥东路 17 号

038

值得一提的是，20 世纪初，林长民在福州创办法政学堂期间，年幼的林徽因在杭州出水痘。林长民担心女儿病情，便依照福州旧俗，前往麻王庙祈祝，后还愿捐了石香炉。这个石香炉不仅是林长民对女儿健康的祈愿，也承载了"松鹤延年"的美好寓意，象征着林氏家族对传统文化的尊重和对美好未来的期许。

而同样与这个宅子有着渊源的冰心，以细腻温婉之笔，书写世间温情。她亦如一盏明灯，以文字的柔光，照亮人们心中的希望。

这所宅院前前后后的主人们所展现出来的高洁的品格、坚定的信念和奉献的精神，如不老松般坚韧、如仙鹤般超凡，激励着后人在追求真理、捍卫正义、奉献国家的道路上奋勇前行。这份宝贵的精神财富，在岁月的磨砺中也永不褪色。

两位文化巨子，同出一片屋檐

　　一墙之隔，一边是高楼林立的现代都市，一边是承载着历史光辉的古朴之地。杨桥东路车水马龙，热闹非凡；故居里时光缓缓，宁静悠然。

　　走进"林觉民·冰心故居"，首先到达的就是院子的天井处。庭院里朱槿似燃烧的烟霞，一片郁郁葱葱的绿植中，摆放着林觉民烈士的半身塑像，身后白墙上"为天下人谋永福"两行字，取自林觉民的《与妻书》。

　　进户门在右手边，门很小，仅供一人通过。门头有长方形砖雕彩塑，画面中，蓝天白云下双狮抢绣球，活灵活现，立体感十足。

　　进门后，院落主座厅堂十分宽敞，两侧为篆书对联："雷霆走精锐；冰雪净聪明"，取自杜甫诗《送樊二十三侍御赴汉中判官》。厅堂正中用点金红漆插屏门隔成前、后厅，有对联："立修齐志；存忠孝心"，意为既要有修身齐家平天下的志气，又要存忠孝双全的心思，可见家训严苛。厅堂两旁各有前后厢房，现为展厅。

故居曲径通幽、透亮轩敞、一派清意。正如林觉民《与妻书》中所描述："过前后厅，又三四折，有小厅，厅旁一室，为吾与汝双栖之所。"

里屋的天井中，巨大的榕树下，有林觉民与妻子陈意映相依相偎的雕像，重现了二人新婚不久，还沉浸在甜蜜爱情中的情景。他们的婚姻虽然是父母包办的，但两人举案齐眉，琴瑟和鸣。

林觉民广州起义殉难后，林家避祸迁离，房屋让售给冰心祖父谢銮恩，谢家一直住到 20 世纪 50 年代。冰心在《我的故乡》里对这座宅子作了细致的描述："我们这所房子，有好几个院子，但它不像北方的'四合院'的院子。只是在一排或一进屋子的前面，有一个长方形的'天井'，每个'天井'里都有一口井，这几乎是福州房子的特点。"

目前宅院的主体建筑里展出林觉民和冰心的相关文物图片，辟有"林觉民生平史迹"展室和"冰心与福州"展室，林觉民在就义前写给爱妻的遗书（复印件）也展示在主体建筑中。

林觉民·冰心故居摆设

热血铸丰碑，深情映苍穹

　　林觉民（1887—1911），字意洞，号抖飞，又号天外生，福建闽县（今福州市）人。中国民主革命先驱，黄花岗七十二烈士之一。林觉民少年之时便接受先进思想的熏陶，心怀壮志，立志救国救民。他才华横溢，文笔犀利，有着强烈的民族责任感和使命感。

　　林觉民出生于三坊七巷的书香世家。13岁时，在童生试中写下"少年不望万户侯"七个大字，以表自己不望功名，然后潇洒地离开考场。15岁时，考入全闽大学堂（今福州一中），接受民主革命思想。后来林觉民赴日本留学，加入了中国同盟会，从事反清活动。

　　1911年，林觉民受同盟会第十四支部派遣回闽，联络革命党人，筹集经费，招募志士赴广州参加起义。

林觉民·冰心故居摆设

4月27日，黄花岗起义爆发，林觉民随黄兴攻入两广总督署，在激烈的巷战中受伤被俘。被俘后，两广总督张鸣岐亲自提审林觉民。林觉民拒绝下跪，气宇轩昂，坐地侃侃而谈，纵论世界形势和革命道理。张鸣岐不禁感叹："惜哉！此人面貌如玉，肝肠如铁，心地如雪，真奇男子也。"

黄花岗起义的前三天，4月24日夜，宿于香港滨江楼的林觉民在手帕上写下了《与妻书》绝笔信。在信中，他婉转千余字，情殷意切地表达了自己对妻子的深情和对处于水深火热中的祖国深沉的爱。这封"与妻诀别书"被誉为20世纪"最伟大的情书"和"最感人的家书"。

林觉民慷慨就义时，年仅24岁，被列为"福建十杰"之一。

文坛祖母，橘灯如炬火

冰心（1900—1999），原名谢婉莹，是中国现代著名作家、诗人、翻译家、儿童文学家。

冰心的作品充满爱与温暖。在诗歌方面，她的《繁星》《春水》以短小精悍的形式，歌颂母爱、童真和自然，语言清新淡雅，富有哲理。在散文领域，她的笔触细腻温柔，如《寄小读者》等作品，以真挚的情感和生动的描写，展

林觉民·冰心故居摆设

现了她对儿童的关爱以及对生活的感悟。

　　冰心的文学风格独具特色，以其温婉的情感、纯净的语言和对人性美好的追求而著称。她的作品影响了几代读者，为中国现代文学的发展作出了卓越贡献。她一生致力于文学创作和儿童教育事业，用文字传递着爱与希望，被誉为"文坛祖母"。

花鸟与亭台共绘天人合一

在郎官巷 17 号天后宫墀头之处，有一处极具特色的图案，那是由松树、桃树与"亭台楼阁"巧妙组合而成的，极具意境之美。在这美妙的画面中，桃树、松树奇古遒健、枝叶离披；小巧玲珑的拱桥，宛如一道优雅的弧线，连接着不同的景致；一旁的假山、步道，怪石嶙峋、形态各异，为整个场景增添了

天后宫（郎官巷 17 号）

郎官巷 17 号

一份自然的野趣。整个画面简而不华，雅而不俗。

通常在装饰图案里，亭台楼阁往往蕴含着多重寓意。在古代，亭台楼阁既是供人休憩、赏景的宁静之所，象征着安稳与平和，也常作为财力与地位的标志，宅院里的园林与亭台造景，往往彰显着主人的尊贵。人们在楼阁之上吟诗作画，尽显文化艺术之韵；于亭台之处依依惜别，承载着无尽的思念之情。

石山清池，轩亭错落。墀头上，灰塑的亭台楼阁自然地融入山水庭院、花草树木之中，松树象征着坚韧不拔，桃树寓意着生机与美好。这一画面完美地诠释了人与自然的和谐共生，深刻体现了中国传统文化中"天人合一"的崇高理念，时刻提醒着人们要尊重自然、保护环境，不懈追求与自然和谐相处。

天后宫作为"海神"妈祖的供奉圣地，远离尘世喧嚣，承载着人们内心对安宁、稳定生活的深切祈愿。故而，一看到天后宫这独特的装饰，人们便会油然而生一种宁静平和之感。

传统花鸟与亭台楼阁图案的结合，不仅是艺术的创造，更是文化的传承与心灵的寄托，它让我们在欣赏美的同时，也能深刻感悟到古人对自然、对生活的敬畏与热爱。

来到福州天后宫的仪式

三坊七巷天后宫，自有一番风味。它是福州老城区内唯一一座妈祖庙，也是目前福州最具影响力的天后宫之一，为省级文保单位，据传始建于元代，于清道光年间重修。

"郎官巷古半乡人，天后祠前记此邻。"宫宇位于郎官巷，坐南朝北，临街有三个门。往门面上方一瞧，便可"抬头见喜"，再往上就是嵌入宫墙的"天后宫"牌匾，边上的云纹、花卉、缠枝花纹组成了一道道"边框"，十分繁复美丽。

整个门面，与墀头图案相互映照呼应的，是檐下墙楣处一道道绚丽的彩绘纹，凤凰牡丹、缠枝如意、鱼戏莲花、洞箫古琴、传统回纹，再有就是镂空雕刻的各类灵动的人物像，他们或执笔而书，或持剑戟，或捧笏板，颇具神官风范。这些繁复的纹饰，犹如多彩画卷，彰显了天后宫的华贵与雍容。

从中门延展看，天后宫主体建筑为前殿、正殿和后殿。在请香处请好香，按宫内习俗指导上香后就可以开始参观。

站在天井内的天公炉前，正对天后神像的是古戏台，上悬两匾额"福荫海山""神昭海表"。两侧，可见悬挂的二十八星宿灯笼，天后宫的招牌斗堂

天后宫（郎官巷 17 号）

元素开始渐现。

　　转身到正殿，"慈恩广波"的牌匾之后为九层螺旋式叠涩如意藻井，藻井之下便是主神妈祖的神龛，执扇侍女侧站两边，龛前是护法神千里眼和顺风耳。天井中，惰懒的猫咪与威风的小狗，在默默守护着这处神圣之地。

　　天后宫作为海丝同源非遗福文化"茶帮拜妈祖"的传承与溯源之所，是福州这座"世界茶港"的重要见证。来到三坊七巷，除了打卡南后街的爱心大榕树，还要记得到藏在郎官巷里的天后宫看一看，定不虚此行。

沿海的信仰之神

　　妈祖，原名林默，是中国东南沿海地区及全球华人信仰的"海神"。她又被称为天妃、天后、天上圣母、娘妈等，是深受人们敬仰的女神。2009年9月30日，联合国教科文组织保护非物质文化遗产政府间委员会第四次会议审议，决定将"妈祖信俗"列入世界非物质文化遗产。"妈祖信俗"是中国首个信俗类世界遗产，而妈祖祭典则成为继轩辕黄帝祭、孔子祭之后又一大公祭，三者共称为"中华三大祭典"。

　　妈祖出生于北宋时期的福建莆田湄洲岛。她自幼聪慧善良，熟悉水性，常常救助海上遇险的渔民和商人。妈祖一生致力于海上救援，扶危济困，

天后宫（郎官巷 17 号）

深受百姓爱戴。

妈祖信仰历经千年传承，不断发展壮大。她被视为海上的保护神，象征着平安、勇敢和慈爱。在众多的传说中，妈祖曾多次显灵拯救海难，其神迹广泛流传。

如今，妈祖信仰不仅在中国大陆沿海地区以及台湾、香港、澳门地区盛行，还传播到日本、韩国等国家和东南亚地区。世界各地建有众多的妈祖庙，每年都有大量的信徒前去朝拜。妈祖文化也成为连接海内外华人的重要精神纽带，促进了各地的文化交流与合作。

妈祖的形象通常是身着华丽服饰，头戴冕旒，手持如意，面容慈祥。她代表着人们对美好生活的向往和对海洋的敬畏之情。妈祖信仰所蕴含的勇敢、善良、慈悲等价值观，也深深地影响着一代又一代人。

花鸟画梦之旅

　　墀头的花鸟图案源于绘画中的花鸟画，其结构反映了明清时期花鸟画的精致，常常寓意吉祥富贵。花鸟图案中常见的植物元素除了前面提到的牡丹、梅花、松柏，还有兰花、竹、荷花等具有中国传统文化寓意的植物；动物元素主要有凤鸟、孔雀、仙鹤等高贵的鸟类，鸳鸯、大雁等成对的鸟类，寿带、燕子、喜鹊、锦鸡等寓意吉祥的鸟类。墀头的构图呈方形，同一宅院的左右墀头图案，往往风格相近、构图呼应，在元素的种类和特征上相似、有所关联、相互映衬，但图案不同，用以展现更多的寓意与期盼。

　　根据建造者、屋主想要表达的含义，以上各种花鸟图案可以进行自由组合，所以今天我们看到了坊巷墀头之间，如此多元丰富的图案表达。同时，这些宅院同处于一个建筑群之内，相互之间也会有所关联。这些共同组成了我们现在所能感受到的"神奇坊巷"。

喜鹊飞来报好音

这片坊巷间墀头上的花鸟图案中所描绘的鸟儿，最多的就是喜鹊。除了与梅搭配，还有很多与荷花、菊花、牡丹、佛手柑等一同出现，它们都有着特定的吉庆含义。

在文儒坊 59 号门面两侧的墀头，分别看到喜鹊与牡丹和佛手柑的图案。两侧风格高度一致，画面构图极为相似，整体给人以素雅清净之感，与坊巷白墙黛瓦的色调完美统一且相互映衬。墀头形式的多元，造就了古厝独特的风情与魅力；核心的一致，锚定了坊巷建筑与中华传统的精神内涵的高度统一，同时也深刻地表现了独特的地域文化。

喜鹊自古以来便是吉祥好运的象征，"灵鹊报喜"的观念早已深入人心。它那灵动活泼的身姿，仿佛是大自然派来的使者，为人们带来喜悦与希望。当喜鹊与娇艳的牡丹相结合，更是寓意着富贵吉祥、喜事临门。

佛手柑在传统建筑中的运用有着深厚的历史渊源。从古代起，佛手柑因其独特的形状和美好的寓意就备受人们喜爱。在传统建筑的发展历程中，佛手柑常常出现在寺庙、宫殿以及大户人家的宅院中。其形状奇特，如人的手掌般，线条优美且富有变化，为建筑增添了一份别样的艺术魅力。

在墀头的雕刻装饰中，牡丹的雍容华贵与喜鹊的灵动活泼相得益彰，共同构成了一幅充满生机与美好的画面。佛手柑的形象被精细地刻画出来，那金黄的色泽仿佛为建筑注入了一抹温暖的阳光，与传统建筑的古朴色调相互映衬，使建筑整体更加美观大气。此时，喜鹊跃然其上，那灵动的身姿与佛手柑相映成趣。它似在诉说着喜事将近，而佛手柑则静静散发着祥瑞之气。这一画面，

文儒坊 59 号

黄巷 36 号　　　　　　　　　安民巷 58 号　　　　　　　　文儒坊 59 号

不仅是传统建筑艺术的生动体现，也能让人们在欣赏建筑之美的同时，领略到
自然与人文的完美融合。

　　文儒坊 59 号是一座典型的三坊七巷宅院，于门面处张望，首先映入眼帘
的是古朴的门头房。以两幅素雅的喜鹊图为主的墀头处，已经先一步带领我们
进入这座宅院的氛围里。穿过门头房，插屏门如同一个含蓄的屏障，将宅院的
前庭与正厅巧妙地隔开，增加了空间的层次感。前庭天井宽敞明亮，地面铺着
平整的石板，阳光透过天井上方洒下，给整个院落带来了温暖与光明，仿佛千
年的时光落在这里也变得悠悠慢慢。在这里，吉祥与好运常伴，幸福与美满永恒。

　　喜鹊与梅花在坊巷的墀头中是最受欢迎的组合，除了"林觉民·冰心故居"，
在三坊七巷内外的各条坊巷都能找到"喜上梅梢"的墀头图案。黄巷 36 号小

黄楼处的"喜鹊登枝"，呈素雅的米白色，梅枝纤细劲挺、英姿秀逸，正合这里走出的众多文人雅士的无限风雅；安民巷58号中瑞剧坊的"鹊闹梅枝"，以淡雅的彩绘，表现了红梅的闹、鹊的欢腾；衣锦坊67号的"梅鹊呈祥"，呈坊巷经典的灰白色，唯有白梅点缀了黄蕊，一只喜鹊振翅欲飞，生动和谐。在三坊七巷之外的雅道巷59号、69号等处，也能见到以冬、春风物为意蕴的"鹊梅报喜"图案。

喜鹊与植物组合的画面，象征着吉祥如意、福气满满和多福多寿，似乎在诉说着幸福与安宁的同时，又预示着喜事连连。当人们置身于这些古厝门前、流连在这片坊巷之间，会感受到一种心灵的慰藉和鼓舞，仿佛确信，走进这里就会被带入一个充满希望和温暖的精神家园。

雅道巷 59 号

衣锦坊 67 号

孔雀牡丹映华堂

"芳情雀艳若翠仙，飞凤玉凰下凡来。"在中国古代传说中，孔雀是凤凰的化身。它们的区别在于孔雀尾羽上的眼斑状花纹，《异物志》记载"孔雀形体既大，细颈隆背，似凤凰"。它象征着女性的美貌以及美满的爱情，曾不断被赋予幸福、善良、高贵等美好的寓意。牡丹作为"花中之王"，花朵硕大且色彩艳丽，象征着富贵与繁荣。

在这些图案中，孔雀经常成双成对出现，寓意着夫妻恩爱、白头偕老。比较经典的就是黄巷

59号黄家大院墀头斜牌堵上的"孔雀牡丹图"。墀头上一只孔雀亭亭玉立，停在牡丹之上，尾羽华丽，回首张望着另一只孔雀，折枝牡丹枝叶舒展、花朵盛开、明艳照眼，下方衬以洞石、小草，画面生动，色调明快，布局疏朗，风格富丽。"孔雀牡丹图"代表着吉祥富贵、荣华昌盛，仿佛在诉说着生活在这里的家族是多么富足与美满。

黄巷作为中原入闽的"黄氏"一脉的聚集地，创始人为晋代的光州固始黄巷八姓入闽始祖之一的晋安郡守黄元方，他的后代留居于此。后来中原衣冠士族南迁入闽，其中部分黄姓的后裔就选择聚居此地。他们勤于耕读，硕儒黄璞等辈，修学守道、深居简出，令人肃然生敬。

黄家大院（黄巷59号）

寿带古厝诗意浓

在光禄坊 51 号的古厝墀头上，落着这样两只美丽的"生灵"。日上中天，苍松下，它们立于高处，回首眺望，姿态优雅，长长的尾羽自然舒展，伸出画框，似乎打破了画与现实世界的"次元壁"。

它们就是寿带，又名绶带鸟、练鹊。雄性寿带有羽冠，尾部有两根长长的中央尾羽，形似绶带，体态优美，羽色漂亮。绶带在古代是权力与富贵的象征，

寓意官运亨通、步步高升，寿带也因此成了吉祥瑞鸟。此外，它也常被视为长寿的象征，它与松柏一同出现，就是用以祝颂长寿。

寿带也经常与牡丹、梅花、菊花相结合，表达富贵、祝愿之意。在通湖路部分宅院的门面上，寿带成双成对出现，与牡丹、玫瑰等结合，寓意夫妻恩爱坚贞、家庭和睦、富贵吉祥。

光禄坊 51 号

菊香东南画中韵

墀头上的菊花，主要以传统多瓣多层菊花为主，如衣锦坊 69 号、雅道巷 69 号、雅道巷 59 号等墀头上的菊花图。有优雅如莲座般的端庄，有洒脱似卷云般的飘逸，还有肆意若勾环般的灵动。其形态丰富多元，勾勒更是细致入微，将菊花的轻盈柔美展现得淋漓尽致。在这精美的图案之中，还会巧妙地辅以双飞蝶的翩跹、比翼鸟的依偎、喜鹊的欢跃等元素，为画面增添了活力。

"秋菊有佳色，不同桃李枝。"对菊花的喜爱，以中国古代诗人陶渊明为最。自他之后，喜爱菊花也被称作有"陶渊明之癖"，可见一斑。陶渊明对菊花的喜爱，使菊花成为隐逸、高洁的象征，它也被称作"花中隐逸者"。后来，出尘高士也常被比喻为菊花。菊花对后世的文人墨客产生了深远的影响，菊花也成为中国传统文化中重要的象征之一。

衣锦坊 69 号

在画菊的同时，最常加入的就是蝴蝶元素。蝴蝶是自然界中美丽的昆虫，被誉为"会飞的花朵"。蝴蝶忠贞于伴侣，一生只有一个伴侣，是昆虫界爱情忠贞的代表之一。蝴蝶飞翔时成双成对，又寓意"夫妻恩爱""婚姻幸福"。蝴蝶谐音"福迭"，迭为屡次、连续之意，因而又寓意"幸福连绵不断"。蝶与"耋"谐音，又有"健康长寿"的寓意。所以墀头上的"蝶戏秋菊图"，不仅仅是一幅幅美丽的画作，更是承载着人们对美好生活的种种期许。

这些菊花与灵动的生物相互映衬，既表达了宅院主人志存高远、心性高洁的品质，又展现忠贞不渝、幸福连绵的美好，仿佛在诉说着一段段古老而动人的故事，让人在欣赏之时，不禁为其蕴含的深刻内涵和艺术魅力所折服。

雅道巷 69 号

雅道巷 59 号

松鹤长寿家宅瑞

　　安民巷 58 号中瑞剧坊的墀头，定会让人感叹墀头中竟有如此可爱的存在。中瑞剧坊曾是主演非遗"闽剧"的南华剧场，是全国唯一在重点历史文化街区设立的全年驻演文化剧坊。这里墀头上的松鹤逸韵，与传统的写意风不同，偏向写实，鹤略微露出憨态，松针也呈现轮形，团团圆圆。整体画面有着老画片感，与剧坊的娱乐功能相契合。

中瑞剧坊（安民巷 58 号）

中瑞剧坊（安民巷 58 号）

　　松与鹤蕴含着深刻寓意，很多崇仰松鹤精神的坊巷人家，在堵头上争相运用松鹤图案。例如黄巷 59 号黄家大院的斜牌堵上的"松鹤同春图"，松针茂密而翠绿，散发着生命的活力与坚韧。在松树的下方，两只仙鹤优雅地站立着，一只姿态从容，一只振翅欲飞，远离世俗尘嚣，遗世独立。图案也彰显了灰塑技艺独特的造型表现，简朴大方、形象鲜明，具有国画风采。

　　还有在三坊七巷外的通湖路 251 号也能看到松鹤写意堵头，此处的松树并非折枝之态，而是一棵完整而玉立的松，屹立于画面之中。一只仙鹤优雅地立于松树下，远山若隐若现，不禁让人感叹这一方寸之处所蕴含的巧思。

文儒坊 50 号

荷香坊巷诗意扬

如果你看到位于吉庇巷 61 号上的几幅"荷花图"，脑海中会一直闪回我国古代诗人咏荷的诗句，是"惟有绿荷红菡萏，卷舒开合任天真"；是"中通外直，不蔓不枝，香远益清"；也是"菱叶萦波荷飐风，荷花深处小船通"。

荷花又称莲花、君子花、水芙蓉，有"六月花神"的美号。荷花在中国传统文化中有着深远的意义和丰富的内涵，象征着纯洁、高尚、坚贞，代表着清净无染，因此常被用来比喻君子的品德，不随波逐流、坚守自我。

在光禄坊6号，墀头上有一幅"鱼莲图"，画面热烈生动，极具感染力。鱼，在浩瀚的历史长河中，向来代表着富足、繁荣。莲叶与鱼的结合，寓意着连年有余，深刻传达出宅主对安定富足生活的殷切期盼。

而在雅道巷87号、通湖路331号的墀头中，荷花与不同种类的双飞鸟相结合，构成了一幅幅充满诗意的画面，表达着人们对爱情、友谊等美好情感的不懈追求，对和谐美满生活的深深渴望。

荷韵凝香，古厝安闲。墀头上那一幅幅"荷花图"，承载着厚重的历史与文化。它们如同璀璨的明珠，镶嵌在坊巷之间，散发着独特的魅力。无论是象征纯洁高尚的"荷花图"，还是寓意富足繁荣的"鱼莲图"，抑或是寄托美好情感的荷花与双飞鸟的组合图，都在诉说着这里发生的故事。让我们在这充满故事的坊巷间，感受古人的智慧与情怀，珍惜当下的和谐与美好，共同续写生活的精彩篇章。

文儒坊50号　　　　　　　　　　　　　　　　吉庇巷61-8号

伍

瑞兽图案

　　三坊七巷古建筑犹如岁月的宝藏，蕴含着丰富的中国传统文化。而其中重要的体现方式之一，就是墀头上雕刻的形态各异的瑞兽。它们宛如历史的守望者，一方面承载了我国源远流长的文化；另一方面也见证了时代的更迭与变革。宅院的主人精心将瑞兽融入建筑之中，其目的便是期望借助这些富有象征意义的瑞兽图案，寄托吉祥如意、避祸消灾的心愿。这些瑞兽图案不仅是精美的艺术作品，更是主人对美好生活的向往与期盼的生动写照。

半条光禄坊的"猴年马月"

　　老福州人都说，20世纪50年代前福州的天际线由三座建筑勾勒而成：一座是乌塔，一座是白塔，还有一座当属刘家那赫赫有名的大烟囱。这刘家，便是当年威震福州的首富"电光刘"家族，府邸"刘家大院"几乎占据了光禄坊的半条街。

　　踏入这座老宅之前，你首先会被墀头上的两幅图案逗乐，一边是"灵猴献瑞"，一边是"马到成功"，这仿佛来了个成语猜谜——"猴年马月"，又或

  "马上封侯"。看来刘家主人倒是有几分幽默，在入门之处巧妙地传达了吉祥如意的美好愿望。

  当然这里的灵猴，不只是个献瑞的吉祥物，它还象征着福州人聪明伶俐、善于经营的特质；而"马到成功"，则体现了福州人勇往直前、敢于拼搏的精神。这两个墙头，如同福州方言中的俏皮话，让人在会心一笑的同时，也能感受到刘家人那份源自闽都的智慧与坚韧。

灵猴献瑞，福运盈门

一隅静谧之地，一株桃树，枝干盘曲，自左方斜逸而出。树下，怪石嶙峋，错落有致。在这树石之间，有灵猴三只，嬉戏打闹，各具情态：一只身手矫健，攀爬树干，四肢轻点枝头，似在探寻未知的奥秘；一只倒挂金钩，一臂轻伸，一掌悠闲置于胸前，重心下垂，摇飏回荡，如童戏秋千；最后一只步履轻盈，沿着崎岖的石径攀爬前行。

每一只猴子的表情都生动逼真，或微笑顽皮，或好奇打量，或眼神坚定、四肢紧绷，似乎随时准备开启新的探险。这些猴子的毛发在蓝色背景的映衬下，丝丝分明，显得更加细腻而有光泽，仿佛被清晨的露水刚刚打湿。坚硬的石头、斑驳的树干、翻飞的树叶，每一处细节都充满了生命力，与灵猴共同编织出和谐的自然景象。

在中国传统文化中，猴子象征着吉祥、智慧与灵活。这种文化意象源远流长，早在秦墓竹简《日书》甲种中就有记载，后来的《山海经》《尔雅》《楚辞》等文献亦有所提及。在道教文化中，猴子更是被赋予了神奇的力量，成为守护神祇或具有特异功能的角色。比如，《西游记》中的孙悟空，就是一只拥有七十二变能力的神通广大的石猴。

这幅墀头图案不仅展现了中国传统文化的动感与和谐，更寓意着"电光刘"家族的传奇故事。灵猴的形象，正契合刘氏家族在历史长河中的敏锐洞察力和前瞻性。他们如同丛林中的灵猴，把握时代脉搏，勇于探索，始终保持进取之心。这种智勇双全的品质，让刘家在坚守传统的同时，不断创新，照亮了家族的发展之路。

刘家，其家族祖籍在河北大名府龙山镇。明宣德年间，刘家迁移至福州，并在光禄坊购置房屋居住。历经数代，到了清代末年，刘家第十五代的刘齐衢、刘齐衔（林则徐的大女婿）兄弟在清道光二十一年（1841）同榜中进士，标

刘家大院（光禄坊34号）

志着刘家正式步入仕途，并积累了相当的财富和声望。

刘齐衔之子刘学恂是刘家涉足近代工业领域的先驱。他洞察时代发展的机遇，开始投资创办工厂。刘学恂的几个儿子，尤其是刘崇伟、刘崇伦，留学日本，接受了先进的技术和管理知识，为刘家在电气领域的发展提供了强有力的支持。1910年，刘学恂这两个留学归来的儿子与林长民等人共同出资，购买了耀华电灯公司，并将其更名为"福州电气股份有限公司"。1911年，福州电气股份有限公司开始向福州城内和万寿桥两岸供电，结束了福州古城人民长期以来秉烛夜行的历史。在福州话中，电灯又称"电光"，所以给电灯供电的刘氏家族自然而然有了"电光刘"的称号，这个称号也坚定了刘家子弟继续投资工业的信心。

随着清代的灭亡和民国的建立，刘家在政治和社会的变迁中历经沉浮。然而，凭借灵活的应对策略和深厚的家族底蕴，刘家始终能够在动荡的年代中保持其地位和影响力。纵观福州近代史卷，刘家的名字始终镌刻其中，熠熠生辉。墀头上的灵猴图案，不仅是中华文化中智慧与活力的象征，更是"电光刘"家族智慧与机敏的世代传承。"灵猴献瑞"这一形象不仅融入了刘家的历史脉络，也成为其家族文化底蕴的重要标识，是他们在历史长河中不断前行的重要动力。

骏马疾驰，一举成功

刘家大院右侧墀头的图案为"马到成功"。两匹骏马在松林、怪石间穿梭、跃动。松是百木之长，经冬不凋、顶风傲雪、四季常青，象征着刘家的深厚底蕴，正如家族历经风雨却始终屹立不倒。

在这片绿意盎然的松林间，两匹骏马奔腾其间，它们的身影交织成一幅力量与美的画卷。一匹骏马昂首阔步，耳朵竖立，倾听着林间风的细语，它的鼻翼微微张开，呼吸着松香与自由的气息，似乎在寻找着某种未知，满怀期待地追寻着未来，步伐充满了力量与期待，转身中透露着优雅与灵敏。另一匹骏马同样英姿飒爽，昂首挺胸、四肢舒展、马尾低垂，似乎正在蓄势待发。它的肌肉线条在阳光的照耀下显得张力十足，似乎准备一跃而起，体现出不屈不挠的拼劲和对成功的渴望，这正是刘家在商海中勇往直前的真实写照。

"勤学敬业，造福社会，尤重修身，不忘根本"，刘家人与时俱进地给予祖训新的诠释。刘家作为近代福州规模最大的民营企业，从1910年到1927年间，创办了福州电气、福建电话等大大小小十多家公司。在生活消费领域，也陆续建立了精米厂、冰厂、油厂、玻璃厂等二十多家工厂。1927年，刘崇伟、刘崇伦兄弟还合资成立"刘正记"，购买轮船，经营运输业和商业，获利丰厚。1930年前，刘家产业遍及福州，也就是说当年福州人吃穿住用行，都免不了和刘家打交道。刘家的成功，体现在他们将家风融入企业发展之中，秉承勤学敬业的精神，既造福了社会，又始终不忘初心。

后来，时代的洪流席卷了刘家，给刘家核心企业电气公司带来毁灭性的打击，自此"电光刘"正式告别了历史舞台。但刘家的故事，如同墀头上的骏马，已成为福州城巷坊间流传的佳话。

这两匹骏马，或相互追逐，或回首相望，不仅彰显了刘家人的团结与协作，更体现了他们家族在面对挑战时的勇气与决心，如同骏马般，永远向前，直至成功。

刘家大院（光禄坊34号）

"刘半街"的传奇

刘家大院，位于光禄坊之北，自西向东依次排列的门牌号为 34、32、30、28（旧为 10—13 号）。大院西侧毗邻早题巷，东侧紧靠道南祠，南接繁华的光禄坊大街，北依静谧的大光里，占地面积曾超过 5000 平方米，现存规模达 4000 多平方米。这座大院是三坊七巷中规模最大的单姓宅第，被民间誉为"刘半街"，而老福州人更习惯地称之为"刘家大院"。

然而，鲜为人知的是，刘家大院最初的主人并非姓刘，只是因其最著名的

刘姓主人而闻名。刘家大院的渊源可上溯至明代，而其大规模的扩建则发生在清代。四座并列的大院，东侧两座曾是清初著名画家许友的故居——米友堂，西侧两座则是清康熙年间进士、官至内阁中书的林佶的旧居。几经易主，到了清道光年间，刘家兄弟刘齐衢、刘齐衔改建此处，并将其传给了子孙。此后，清代官员、藏书家龚易图与现代作家郁达夫都曾在此居住。

刘家人才辈出，不仅有轰动一时的"兄弟同榜两进士"刘齐衢、刘齐衔，还有被誉为"电光刘"的刘崇佑、刘崇伟兄弟等人。此外，这里还走出了曾任福建盐运使，被誉为"福建理财三杰"之一的刘鸿寿，以及陈宝琛的外甥、李

刘家大院一角

鸿章幼弟李昭庆的孙女婿、民国时期的中央银行总裁、何应钦内阁的财政部部长刘攻芸。

刘家大院的内部构造，尽显古宅的宏伟与精致。院落四周，封火高墙耸立，双坡屋顶覆盖其上，院墙檐下装饰着彩色灰塑的花边纹饰，古朴而典雅。每座临街的大门均为双重错位石框设计，沉静而庄重，透露出历史的沉淀。

大院所选用的建筑材料，无一不经过精心挑选与特殊处理。6米高墙坚固耐火，青石板铺就地面，3.3米长木柱支撑起建筑之魂，柱础雕刻八骏马，生动逼真。

入院，三面环廊映入眼帘，天井开阔，石阶之上五间面阔的大座，前厅显赫，厢房分列；木构架古朴坚固，四院隔墙相望，小门串联，形成独立又紧密的网络。院内设施完备，布局精巧，大厅、厢房、花厅、鱼池、假山、亭阁等一应俱全。

厢房门扇、窗棂皆为楠木精制，家具皆为红木打造，奢华尽显。28号厅堂，南瓜悬钟高挂，夔龙回纹兽嘴衔封板，工艺精湛。而院内最引人注目的，当属东侧的花厅。这里的半月池之精致，足以与二梅书屋、叶氏民居的半月池媲美。池边海礁石堆砌的假山，搭配爬藤植物、露台和水榭，构成了一幅和谐的自然画卷，让人流连忘返。

　　该处宅院几经修缮，目前是三坊七巷社区博物馆的中心展馆，共设置里坊制度、明清建筑、坊间文化、风情民俗、宗教民俗、科举兴盛、闽都名人7个展厅，供游人参观。

鹿鸣黄巷，翰墨沁香

"呦呦鹿鸣，食野之苹，我有嘉宾，鼓瑟吹笙。"

三坊七巷中，有关鹿的墀头共有两处，一处位于南后街73号，一处位于黄巷36号。黄巷36号的"呦呦鹿鸣"墀头，非常特别，它不位于宅子正门的两侧，而处于院落的第一进封火墙，与花鸟图案"喜鹊登枝"一左一右，拱卫着家宅。

彼时，晨光微翕，竹林苏醒，卷着淡淡的叶香。在这被第一缕阳光唤醒的宁静之地，两只小鹿开启一天的撒欢模式。一只小鹿轻轻地在散落的叶上漫步，叶在它的脚下发出细微的沙沙声，那是大自然传送的美妙乐章。另外一只小鹿则一跃而上，跳到了怪石之上。瞧，它努力地伸长了脑袋，打算够到枝叶，美餐一顿。它的身影在晨光中剪影分明，与周遭环境融为一体。幽篁之中，鹿鸣呦呦，竹影婆娑，岁月如诗，一切美好如期而至。

鹿，在古代中国是美好的象征，历代壁画、绘画、雕塑中都有鹿，如北魏时期著名的壁画《鹿王本生图》，描绘的是美丽善良的九色鹿王舍己救人的故事。

南后街73号

080

鹿与"禄"同音，树下有鹿，也有"书下有禄"之意。通俗地说，古人认为考科举的真正目的在于做大官，得高薪。

该墀头上的"鹿"，与竹相伴，别具一番风味。竹子挺拔而立，节节高升，绿意盎然，不惧风雨，傲然展现着文人的高洁与坚韧；而那悠闲漫步的鹿，目光清澈，姿态优雅，仿佛带来了山林的宁静与吉祥。竹鹿之间，寓意着一种超脱尘世的和谐与美好，它们共同诉说着对长寿、顺遂的祝愿，以及文人对高尚品质和理想生活的无尽追求。

黄巷36号，作为黄巷极具标志性的建筑，承载着历史的厚重，曾是唐代进士、崇文阁校书郎黄璞，以及清代两江总督、文学家梁章钜等名流雅士的栖息之地。驻足于此，凝望墀头上的图案，那盎然的自然生机中流露出书卷气，令人从心底漾起春风般的温暖熨帖，心旷而神怡，自在而欢愉。

黄楼里涌动的诗情画意

　　与墙头的瑞兽打了声招呼，随即跨过门槛，穿行而入。小黄楼内里十分安静，似乎自成一片天地。白墙灰瓦，青砖小路，木门铜锁，这是福州典型的清代民居建筑，不张扬，却足够温暖。

　　穿过天井，左转便是一片小园，右望则是狭窄的雪洞通道，其形状奇特，峥嵘多姿，凉意宜人。夏日炎炎时，这里便是绝佳的避暑胜地，让人在清凉中忘却尘世的烦扰，不禁再次对古人的智慧心生赞叹。

出了雪洞，视野顿时开阔，移步换景，花木成诗。眼前便是小黄楼的建筑精华——西花厅。在古代，豪门大户的宅邸中，除了用以接待贵宾、商议要事的正厅之外，后花园里往往还设有偏厅，用来接待友人、闲谈休憩，与花园相接，这里自然与建筑和谐共生。

小黄楼的西花厅是一座典雅的双坡顶建筑，横跨9米，纵深24米。这座纯木质结构的双层小楼，木梁与木柱之间以榫卯相接，无一钉一铆，便巧妙地构建出一个坚固而灵活的空间。梁架上的描龙绘凤，线条流畅，形象生动。面阔三间的布局，宽敞而大气，每间之间以精细的木格栅相隔，既保证了空间的私密性，又不失通透感。进深五柱的设计，使得室内光线柔和而均匀，营造出一种宁静致远的氛围。窗棂上的雕花，繁复而不失雅致。阳光透过镂空的窗棂，形成斑驳的光影，为室内增添了几分诗意。

二楼藏书阁，设有楼阁、小走廊，以及那著名的"半边亭"，其斗拱和垂柱上的雕刻精美古朴，寓意五谷丰登。亭周还装饰了12个制作工艺精良的小悬钟，甚是精美。亭子虽不大，但却占尽小黄楼最佳位置。携一束风，倒半杯雨，遥想昔日主人凭栏坐憩，望庭院草木静生，观天边万千天色，偷得浮生半日闲。

庭院中的假山、鱼池、花木，将中国园林"有无相生"的审美理念展现得淋漓尽致。太湖石的堆垒，以其天然的孔洞和曲折的线条，巧妙地模拟了自然山水的韵味。一座迷你型石拱桥跨于鱼池之上，拱桥廊板上的"知鱼乐处"四字，取自《庄子与惠子游于濠梁》中之"鱼乐"说，展现了古人对生活情趣的独到理解。而东落花厅前的假山东旁"芒果王"，相传为黄璞手植，可以说得上三坊七巷传说资格最老的树，也是福州市区目前已知最大的两株芒果树之一，见证了小黄楼的历史变迁。

据传，小黄楼曾是晚唐著名诗人黄璞的故居所在。清初，一场大火将其焚毁。清道光年间，经林则徐师兄、江苏巡抚梁章钜精心修复，小黄楼才得以重现昔日的风采。尽管梁章钜是新一任主人，但他并未将此地更名为"梁楼"，而是依旧称为"黄楼"。这样的决定，或许是为了缅怀那位曾为天下士子树立典范的黄璞先贤。

　　一山一水，一草一木，入则隐，出则世，以枝微而见世大。小黄楼承载了晚唐诗人黄璞的传说，也见证了清代楹联大师梁章钜的修葺之功。两任主人，皆为品德高尚的朝臣，共同秉承着"居庙堂之高则忧其民，处江湖之远则忧其君"的情怀。为官时，他们以清廉和能力著称；退隐之后，仍笔耕不辍，著书立言。他们的故事也为小黄楼增添了无尽的历史价值。

　　闲窗幽情，信步水墨。于此地，总能邂逅最美的诗情画意，觅得片刻的宁静与沉思。

小黄楼景观

抱节著书，留裨世教

黄璞（837—920），字德温，号雾居子。唐代著名的历史学家、文学家。他进士及第，官至翰林院崇文馆大校书，一生清正廉洁、勤政爱民，备受世人敬仰。

黄璞的故居分布在福建莆田和福州两地。莆田的黄巷山前黄是他早年的居所，而三坊七巷的小黄楼则是他晚年的归宿。相传，唐末农民起义领袖黄巢曾因黄璞的孝顺与博学，下令保护黄楼，使其免于兵燹，黄巷也由此得名。

黄璞为官廉洁，在任职崇文馆校书郎时，深耕史学与文学，这也使得他最终以学问家、史学家、文学家著名于世。他的学识，如同家风，影响了子女，"一门五学士"为时人津津乐道。面对晚唐的腐败，黄璞选择辞官归隐，七十高龄仍笔耕不辍，与王棨、黄滔并列为"律赋三大家"。唐代文学家徐寅在《黄

校书闲居》中这样赞论他："取得骊龙第四珠，退依僧寺卜贫居。"

　　黄璞的笔触，留下了《雾居子集》《闽川名士传》等。后者，作为福建省最早的人物志，记录了自唐中宗以后54位名士的生涯。虽如今仅存12人记录，但黄璞在其中继承并弘扬了司马迁的作史精神，坚持"抱节著书，留裨世教"，对高尚者予以赞誉，对失德者给予贬斥，打破了仅以科举成就论英雄的传统观念，为后世留下了宝贵的精神财富，使后人能够较为客观地认识唐代福建名士的风采。

　　自古以来，最受人敬重的莫过于学富五车又不畏权贵、保存风骨之人。这也许就是官居九品、"掌详正图书，教授生徒"的校书郎黄璞，世代为人们所怀念和赞许的主要原因之一。

楹联学开山鼻祖

梁章钜（1775—1849），字闳中，又字苣林，号苣邻，晚号退庵，祖籍福建福州府长乐县。他生于福州府城，是清初迁居福州市区的名门之后。曾任江苏布政使、甘肃布政使、广西巡抚、江苏巡抚等职，是坚定的抗英禁烟派人物，主张重治鸦片囤贩之地，并积极配合林则徐严禁鸦片，也是第一位向朝廷提出以"收香港为首务"的督抚。他政绩突出，深受百姓拥戴。

梁章钜生长在书香世家，自幼聪颖，4 岁开始读书，9 岁便能作诗。14 岁时，他进入福州鳌峰书院，成为林则徐的师兄。在官场和文学上，梁章钜都给

小黄楼

予了林则徐极大的支持。

　　晚年，梁章钜致力于诗文著作，其作品记录了自己的人生历程，也反映了鸦片战争前后近代历史的变化。他一生勤奋著述，涉及多个领域，填补了清代许多领域的空白。然而，他最为人称道的还是楹联成就。梁章钜为福州人在中国文坛开拓出了"楹联"这一领域，被誉为"中国楹联学开山鼻祖"。他与儿子共同编撰的《楹联丛话》，是中国第一部系统研究楹联的著作，对楹联发展的源起、演变作了有价值的考证工作，初步建立了楹联分类体系，涉及了楹联美学、理论的一些方面，在中国楹联史上具有开创性意义。

　　梁章钜七十寿辰时，其好友王淑兰所撰贺联非常贴切地概述了他一生的经历和成就："二十举乡，三十登第，四十还朝，五十出守，六十开府，七十归田，须知此后逍遥，一代福人多暇日；简如《格言》，详如《随笔》，博如《旁证》，精如《选》学，巧如《联话》，高如诗集，略数平生著述，千秋大业擅名山。"

麒麟吐玉书，福运自相伴

　　"麟之趾，振振公子，于嗟麟兮。"麒麟，被誉为中华四大瑞兽之一，与龙、凤、龟并列，地位尊崇。古人认为，麒麟出没之处，必有祥瑞。相传，伟大的思想家和教育家孔子，与麒麟有着深厚的渊源。孔子出生之时有麒麟衔玉书于孔家，上书"水精之子，系衰周而素王"。历朝历代总会制造一些"祥瑞"事件，以彰显统治的合法性。其中，麒麟作为祥瑞的代表，常被用来象征皇帝的圣明和国家的繁荣。麒麟，作为中华文化的瑰宝，承载着人们对美好生活的向往和对吉祥的期盼。它的形象，穿越时空，传承至今，成为中华民族精神的一部分。

黄家大院（黄巷 59 号）

　　黄巷 59 号的黄家大院，两侧直牌堵上，左右对称，各有一对彩绘麒麟。这两只麒麟，外貌如出一辙，动作仿如一致。它们身披金鳞、脚踏祥云，宛如行走在天际，优雅且神秘。麒麟的双眼深邃而明亮，目光坚定，直视前方，仿佛夜空中的星辰，守护着这片土地的安宁与祥和；长且飘逸的尾巴，随风轻摆，如同流动的瀑布，带来了生趣与欢愉。此时，它们的嘴巴正微微张开，吞吐着云雾。这吞吐伴随着玉书的降临，那是麒麟带给人们的智慧和启迪。这两只麒麟，如同守护神一般，拱卫着黄家大院，以玉书为主人捎来福运与吉祥。

狮子的吉祥守护之旅

"金眸玉爪目悬星，群兽闻知尽骇惊。怒慑熊罴威凛凛，雄驱虎豹气英英。"这两句诗出自明代政治家、文学家夏言之手，赞美的对象并非百兽之王老虎，而是另一种威猛的生物——狮子。

狮子古称"狻猊"，其名见于《穆天子传》，文中描述"名兽使足走千里，狻猊、野马走五百里"。晋代学者、文学家郭璞注释称："狻猊，师子。亦食虎豹。"《尔雅·释兽》也有记载："狻麑如虦猫，食虎豹。"足见其王者地位。

狮子不是中华大地的本土动物，而是经由丝绸之路，从西域传入中原的。据《汉书·班固传》介绍，汉章帝元和元年，即公元 84 年，安息国派遣使臣，进贡狮子。此后狮子作为异域珍兽，多次被西域诸国进献。在神话传说中，文殊菩萨以狮子作为坐骑，以震慑妖魔，所以狮子也象征着智慧与勇猛。

狮旧时写作"师"，后来因字义不同，而分离为"狮"与"师"。狮子因其自身的威武、勇猛，进入中华大地后，便迅速得到人们的认同与喜爱，成为中华文化中寓意驱邪、纳福的吉祥物和保护神。

在中国传统建筑中，墀头上雕刻狮子是一种常见的做法，这不仅因为狮子的形象威猛，更因其背后丰富的象征意义。在三坊七巷中，瑞兽图案以狮子最为多见，它们被赋予了避邪、纳福等多种象征意义，可见人们对狮子的崇敬与喜爱之情。

太狮少狮，官运亨通

　　一只狮子怀抱幼狮或两爪间戏弄一只幼狮，通常被称为"太狮少狮"，寓意事事如意，辈辈做高官。狮子不仅是尊贵和威严的象征，而且因其"狮"与"师"同音，又被赋予更深层次的寓意。

　　"太师""少师"为古代官职称谓。周代，三公之中以太师为首，担任帝王的老师，辅佐帝王治理国家；而三孤之中以少师为首，担任储君的老师，辅助太子成长。太师、少师这样的官衔，不仅象征着官职的巅峰，也代表了获得者是当时的学术巨匠或政界精英，是无数人梦寐以求的人生高峰。因此，这一图案不仅体现了人们对权力和地位的追求，也蕴含着对学识和智慧的尊重。在安民巷 16 号、31 号，黄巷 28 号、36 号（小黄楼）以及衣锦坊 6 号对面的墀头上都可以见到此类图案。

　　安民巷 16 号，昔日汀城会馆的所在地，承载着福建汀州府学子们的科举梦想。"太狮少狮"的墀头立于这座古老的建筑，记录着学子们求学的艰辛，也见证着他们实现人生理想的传奇。这幅图案采用立体圆雕的技艺，将两只狮子生动地雕刻于画面中央，周围未加任何繁杂装饰，使得焦点完全凝聚在这对狮子身上。雄壮的成年狮子以一种威严的姿态盘踞于图案中心，它头部高昂，脊骨分明，肌肉紧绷，尾部高傲地向上翘起，那眼神流露出不容置疑的威严，仿佛在宣示着自己的霸主地位。幼狮匍匐其侧，眼神专注地凝视着前方，一副天真烂漫、无忧无虑的模样。双狮之间，还有一球，更添了几分趣味。双狮环绕着一圈规整的"回"形纹饰，每一笔雕刻都细腻入微，线条流畅而精致，为整个画面增添了一抹古朴而雅致的韵味。整图雕工精湛，不仅将狮子的威严与幼狮的俏皮完美融合，呈现出一种生动活泼而又庄重典雅的艺术效果，也将"太狮少狮"所表达的官运亨通的寓意生动地呈现出来。

如今，安民巷 16 号已成为福建省文学院，继续传承着知识与文化的火种。福建省文学院的前身为福建省文学讲习所，1984 年成立，1988 年更名为福建省文学院。学院始终坚持开门办院、服务社会的理念，利用周末和节假日，积极开展各项大型公益文学活动，成为福建省文学创作、研究、培训、展示、交流的中心和文艺教育创意产业基地。

衣锦坊 6 号对面　　　　　　安民巷 31 号　　　　　　黄巷 28 号

狮舞彩球，吉祥富贵

瑞狮舞彩球，欢声震九霄。狮舞彩球，作为墀头狮子最典型的姿态，在中国传统文化中承载着深厚的象征意义。彩球象征着团圆、和谐，与狮子的威严、霸气相得益彰，共同寓意着事事如意、吉祥如意。这种图案为宅院增添了自然生动且美好和谐的氛围。在郎官巷 25 号、塔巷 30 号、文儒坊 43 号、安民巷 31 号、光禄坊 30 号、宫巷 18 号和 24 号等多处墀头上都可以见到此类精美图案。

郎官巷 25 号，曾是清代著名教育家、地方志专家，福州凤池书院（福州一中前身）的山长林星章的故居。屋内有林星章手植两株老梅树（今为重栽），因而得名"二梅书屋"。二梅书屋不仅是林星章的住所，更是他讲学、著书的重要场所。整体建筑风格独特，充满了浓厚的文化气息。大门前两侧的墀头，狮子鲜活而吉庆。狮子身躯庞大，阔口大张，双眼凸起，凝视着前方，四肢强壮有力，尾巴向上翘起，毛发卷曲但根根分明。彩球被巧妙地置于狮子的前爪，上面镶嵌着彩带，仿佛随着狮子轻轻拨弄，正左右摆动，为整个画面增添了一份趣味和生机。目前，该处为福建民俗博物馆，结合二梅书屋的房舍布局结构，通过展示近千件的闽派各时期民俗文物，全面反映富有福建特色的民俗文化。

同样，位于塔巷 30 号的王麒故居的一侧墀头也展示了狮舞彩球的艺术魅力。这里的狮舞彩球颇具威严，狮子爪足有力，球拍于爪下，神态威严，尾似祥云，灵动自然，仿佛在诉说着王麒这位从福建水师学堂走出的民国旅长的传奇人生。

墀头上的狮子，是宅院的守护者，主人希望以其雄壮的形象震慑邪灵，保佑家宅平安。除了代表权力与威严之外，它的出现也象征着富贵与吉祥，预示着家族的繁荣昌盛。

林星章故居（朗官巷 25 号）

文儒坊 43 号

王麒故居（塔巷 30 号）

光禄坊 30 号

陆

博古图案

　　"博古图"指的是由各种供品以及带有寓意的器物组合而成的吉祥图案，蕴含着博古通今、崇尚儒雅的深刻寓意，最早出现于北宋时期王黼编撰的《宣和博古图》一书中。福州马鞍墙大约始于宋代末期，兴盛于明清，而这个时期也恰是"博古图"盛行之际，所以在建筑中随处可见"博古图"的装饰。在马鞍墙的牌堵上，经常能见到香炉、瓶、如意、铜钱、卷轴、果品等物件。卷轴代表重教，铜钱代表财富，石榴、葡萄、南瓜等代表多子，香炉则表示人们的虔敬之心，瓶中插化与戟则代表平安吉祥……这些丰富多样的元素，不仅展现了当时的审美风尚，更传承了深厚的文化内涵。

墀头古韵：博古之美

"博古"一词最早见于汉代张衡《西京赋》："有凭虚公子者，心奓体忲，雅好博古，学乎旧史氏，是以多识前代之载。""博古"即古代器物，如青铜器、陶瓷器、玉器等。后来，其含义被加以引申，凡鼎、尊、彝、瓷瓶、玉件、书画、盆景等被用作装饰时，均称为"博古"。同时"博古"有"通晓古事古物"的引申义，成语"博古通今"就来源于此。

博古在建筑中常常以精美的雕饰形式出现，为建筑增添了浓厚的文化底蕴和艺术气息，出现在建筑面门处、宅邸内。那些雕刻细腻的博古图案，可能是古朴的花瓶、精致的香炉、典雅的书卷等，每一个元素都仿佛在诉说着古老的故事。博古在建筑中的运用，既是对传统文化的传承与弘扬，也是对现代建筑设计的一种创新与启示。

在建筑的门面处，墀头上的博古雕饰往往能起到画龙点睛的作用，提升了建筑的整体格调，使其更具庄重与高古之感。当人们走近这样的建筑，首先映入眼帘的便是那充满艺术魅力的博古图案，它们不仅仅是装饰，更是历史与传统的载体，营造出一种独特的氛围，让人仿佛置身于充满诗意的殿堂，心中不禁涌起对传统文化的敬仰之情。

坊巷间墀头的博古图案，可分为博古器物以及承托器物的博古架，器物之间也通常以组合的形式出现，有时钟鼎彝器也会和花卉蔬果相互配置。一草一木、一花一果、一物一器，都传达了古人内心对亘古宁静的追求和独特的生命体验。

这些博古图案遍布坊巷，通常被用在斜牌堵上，与各个宅邸直牌堵上的花鸟图、瑞兽图等相互映衬，形成独特的艺术风貌，成为一个奇特的艺术现象。

林星章故居（郎官巷 25 号）

衣锦坊 54 号

陈承裘故居（文儒坊 45 号）

光禄坊 34 号

黄巷 28 号

光禄坊 51 号

博古架：珍宝之韵，文化之魂

陈列古玩珍宝的柜架称为"博古架"，又称"百宝架""多宝架"。博古架的特点就是架子上有格子，格子的划分是用不对称而又均衡的构图手法，格板自由，有的甚至悬空挑出，板端上卷做成回纹或其他纹样的装饰，形成大小不一、形状各异的空格。在格子里可以摆放各种古玩小品，产生丰富的层次感，用以彰显主人的身份与地位、喜好与修养。

博古架最早出现于北宋宫廷、官邸，起初是大庭上的摆设，后来逐渐在上层社会流行。从明代起，博古架开始从大厅、客厅进入内厅和书房。在清代，博古架的运用达到了登峰造极的地步，大量出现在平常百姓之家。由于它造型独特、形式多样，尤其是前后敞开的特点，便于主客从不同角度观赏架上陈列的各种珍玩，深受人们的喜爱。因此，博古架也成为清代建筑雕刻中的一个重要内容。在坊巷之间的墀头上，博古架也是最常用以雕饰的部分，增添了宅邸的古韵气息，强化了门面的高古雅正。

墀头博古架上雕刻的图案，似乎都寄托着主人公美好的祝福和吉祥的寓意。

在宫巷26号沈葆桢故居的墀头上，左侧的博古小几上放置了笔筒、卷轴等文房用物，可视之为沈葆桢为政有声、刚正不阿的政治形象的隐喻。古人常说"家有孔雀翎，定出麒麟子"，右侧的三足凭几上为孔雀翎插瓶，象征了其家族的兴旺，以祈求孩子在将来能够有所作为，寓意着美好愿望。

沈葆桢故居（宫巷26号）

沈葆桢故居：福州古代绅宦宅第

沈葆桢故居位于宫巷 26 号，始建于明天启年间（1621—1627），数次易主。清同治年间，沈葆桢购置了这座大房屋，加以修葺居住，沈葆桢前后在此居住十余年。1996 年这里被公布为省级文物保护单位，2006 年被公布为全国重点文物保护单位。

此处格局为清代福州典型官宦人家大院，建筑基本保存完整，布局严谨，装饰典雅。宅院坐北朝南，有四面封火墙，由三进院落、一列倒座房、隔院三座花厅组成，面积约 2300 平方米。

一打眼，门面的墀头就给人以清净素雅之感，进门迎面为屏风，两侧为耳房。屏后是天井，兼有回廊，庭院阳光充足，空气流动顺畅。

坊巷大院的大厅一般为待客及举行婚丧礼仪之所在，故此处大厅建造高敞，梁栋之上描金涂朱；两侧的穿斗式构架，精巧而稳固。正房门上部框架间用藤皮编成图案，别具特色。南向六扇窗子，窗门漏花，采用骨格编排，榫接成各种花饰，这些花饰形态各异，阳光透过这些精美的窗饰，在地上形成美丽的光斑。而后厅上方，则放置着祖先神龛。

绕过一进的高墙，通过石框门，即进入二进，这里的建筑格局与一进略同。后天井中，石铺走道，上盖覆龟亭（过雨亭），旁设美人靠。覆龟亭下，石铺走道宛如一条历史的脉络，连接着过去与未来。三进格局依旧如此，覆龟亭与倒座房相接。倒座房为木结构，五开间。中堂边房，纵深 8 米。堂后有过墙，两侧木楼梯上下，楼前为一长列花格窗。

一堵高墙，将西侧院与大院分隔开来，形成两个不一样的小世界。西侧院平分为三个花厅。花厅宁静雅致，时光也仿佛放慢了脚步。天井里，盆花娇艳欲滴，金鱼缸里的金鱼们自在游弋着，轻盈优美，为这深邃的宅院增添了一抹生机与灵动。

宅院四周围绕着高大的封火墙。墙与木构屋架相互配合，起伏有致，经过精心设计，形成流畅曲线。墙头的翘角和墙的上部，有彩色泥塑人像、花鸟、鱼虫、静物等，这些被俗称为"墙头花"。它们栩栩如生，仿佛在诉说着宅院里发生的故事。这些墙头花反映了明、清时代福州传统墙头雕塑技艺的特色，是历史的见证，也是艺术的瑰宝。

在这深深的庭院里，时间仿佛凝固，历史的气息弥漫在每一个角落。整个坊巷，无论是精美的墀头与装饰细节，还是高敞的建筑格局，都体现了传统建筑的魅力和深厚的文化底蕴。

沈葆桢故居（宫巷 26 号）

沈葆桢：船政大臣、戍台名将

沈葆桢（1820—1879），榜名振宗，字翰宇，号幼丹，谥号"文肃"，侯官（今福州市区）人。晚清著名的政治家、军事家、外交家，也是中国近代造船、航运、海军建设事业的奠基人之一。

沈葆桢 20 岁时中举人，7 年后中进士，选为翰林，历任御史、知府。他在太平军包围广信城战役中一战成名，后来被提拔为江西巡抚，重用湘军将领王德榜、段起、席宝田等镇压太平军。清同治六年（1867），经左宗棠力荐，清政府降旨由沈葆桢担任福建船政大臣。同治十三年（1874），日本侵略我国台湾时，沈葆桢被派为钦差大臣，兼办各国通商事务。在台湾沈葆桢部署防务、购机器，开基隆煤矿，并为郑成功建祠。光绪元年（1875），沈葆桢升任两江总督兼南洋通商大臣，整饬吏治、疏通河道、禁种罂粟、扩充南洋水师，与李鸿章同为筹建近代海军的主持者。光绪五年（1879），沈葆桢因积劳成疾，病逝于江南督署。

中国近代海军之父

"以一篑为始基，从古天下无难事；致九译之新法，于今中国有圣人。"这是沈葆桢为船政衙门头门题写的楹联。他在担任船政大臣期间，坚持把人才自主培养作为教育之根本，短短几年，便把船政学堂建设成近代远东规模最大、科技能力最强的造船产业基地，为近代中国海军建设立下了伟大功绩。

我国近代海军中，许多舰艇长、舰队司令、海军大臣、总长、部长，都是毕业于船政学堂，船政学堂成为我国近代海军的发源地。沈葆桢也因此被誉为"中国近代海军之父"。

台北之父

1874 年 5 月，日本借口"牡丹社事件"发动侵略我国台湾的战争。沈葆

竖立在中国台湾台南市"亿载金城"炮台的沈葆桢铜像。

赤嵌楼

位于台南市中心。钦差大臣沈葆桢于同治十三年（1874）奉命到台湾办理防务时，开路、开府、开禁、开矿，建"亿载金城"、延平郡王祠及海神庙（在赤嵌楼），开启了台湾近代化之路。

沈葆桢故居（宫巷 26 号）

桢作为钦差大臣，率队前往台湾，保台抚台。

他根据当时的形势，提出"纵横外交"和"实力备战"相结合的对日斗争方针，筹措粮草、调回军舰、招集兵马，并于 6 月 14 日率领船政舰队的军舰前往台湾。到达台湾后，沈葆桢制定"驱倭抚番"的政策，还制定了"理喻、设防、开禁"的整体对日斗争方针。周密的设防令侵台日军无从进展，陷入了困境。1874 年 10 月，中日代表在北京谈判并签订《中日北京专约》。1874 年 12 月 20 日，日军全部撤离台湾。

2024 年是沈葆桢巡台 150 周年。他在平定日寇之后，主政台湾期间，悉心筹划、深谋远虑，就台湾开发实施了一系列举措：开禁招垦、增置府县、开山筑路、开设近代化煤矿、提出建设海底电缆等，开启了台湾近代化进程。1875 年，沈葆桢建立"台北府"，他可以说是"台北之父"。

博古瓶中花，古韵绽芳华

位于宫巷24号的林聪彝故居，墀头上分别为牡丹插瓶与莲花插瓶，如同水墨画，清淡雅致。

右侧瓶为玉壶春瓶，这是中国古代瓶类中特有的一种器型。玉壶春瓶的基本造型为撇口、细颈、垂腹、圈足、弧线轮廓，颈部中央微微收束，颈部向下逐渐加宽过渡为杏圆状，下垂腹，是中国典型流行器物。而墀头瓶中插有牡丹，寄托了屋主希冀家族繁荣昌盛的心愿。

左侧为莲花插瓶，莲花多籽，寓意多子多孙；瓶为葫芦瓶，小口、短颈，瓶体由两截粘合而成；名与“福禄”谐音，且器形像“吉”字，故又名“大吉瓶”，寓意大吉大利。此莲花插瓶也寓意着福禄双全、和平和谐。确实如此，在林则徐的后裔中，林聪彝的子嗣是最多的，生子十一人，女六人，家族兴旺，积庆百年。

后裔中，苏皖闽铁路学堂总办林贺峒、沈葆桢七子沈琬庆夫人林步荀、原国民政府最高法院院长林翔、民国时期福建省财政厅厅长林炳章、原国民政府最高法院检察署检察官林蔚章、民国时期福建省建设厅技正兼福州工务局局长林恩溥、民国时期福建高等法院首席检察官林炳勋、中国文化大学原经济系主任林崇墉、中国科学院原党组成员林心贤、厦门大学教授林纪熹、福建师范大学教授林纪焘、北京市文史研究馆原馆员林岷等，都是杰出人物。

林聪彝故居（宫巷24号）

林聪彝故居：坊巷中的历史瑰宝

　　位于宫巷 24 号的林聪彝故居，始建于明末弘光年间。明末隆武元年
（1645），唐王朱聿键在福州即帝位时，以此屋为大理寺衙署。隆武帝亡后，
房屋数易其主。清同治年间，林则徐次子林聪彝以文藻山故居窄小，不足以
容众，购置宫巷房产并营建。林聪彝晚年为养病回榕，居住于此。光绪三年
（1877），林聪彝受命于福州治水、疏浚河道，因操劳旧病复发，第二年五

林聪彝故居（宫巷 24 号）

月逝于家中。他以身体力行殁于国事，终不负其"经世之志"。

　　故居现占地约 3000 平方米，坐北朝南，为四进大厝，四面封火墙，是明、清时期福州最大的住宅之一。故居面门开阔，与墀头相辉映的是大门的联句："海纳百川有容乃大；壁立千仞无欲则刚。"这也是林则徐的千古名句，上半句也是福州城市精神的概括。

　　走进故居首先映入眼帘的就是"福州城市会客厅"七个大字，字体为林则徐书法信札的集字。现如今这里作为"会客厅"，以艺术化的展陈方式，在名城古厝特有的舒徐空间里，从"榕之脉""榕之胜""榕之杰""榕之厝""福之轩"五个视角，带领大家感受福州这方热土的自然人文魅力，体会天地人合璧、精气神相生的默契与雄豪。

　　左转入第一进，前有天井，三面环廊。南面照墙上有"獬豸"像，林聪彝曾署理过浙江按察使（主管一省司法事务的主官），所以绘有此兽。

　　再往深处走，第一进至第三进结构相同，中为厅堂，两侧前后为厢房，抬梁穿斗式减柱造木构架，轩昂高敞，双坡顶，鞍式山墙。前后厅皆有天井，厅与天井的过道，设覆龟亭遮雨。每进东边都有小门通向东侧花厅。第四进为南向三间排房，空间较高，为供奉祖先的地方，又作藏书之所。

　　主座东侧的跨院由前、后花厅及中部的园林组成。花厅有三进，

林聪彝故居（宫巷 24 号）

第一进为住房，第二进为花厅。花厅面积宽广，营造了中式园林景致：内有假山，山内曲径通幽，可通一进二层小楼，连接小楼的小花园，内有半边亭，景致清幽。花厅的假山高处还有小径与一小戏台，小戏台正对一台阁，为以前人家赏戏处。小戏台边上有竹林、拱池、假山、鱼池与一株三百年的大榕树，池前还有一大台阁，为会客处，格调高雅。

往后走，第三进也是住房，原有布局保留完整，再往深处走，豁然开朗，另有小二进住房，通过后即到安民巷。后门门牌为安民巷 54 号，门面不似前门开阔气派，别有江南小意之感。一宅通两巷，阔气而豪迈。

1953 年，福建省文史研究馆初设于此；1954 年，这里为中国新闻社福建分社社址；1992 年 10 月，由福州市人民政府挂牌保护；2005 年 5 月，公布为省级文物保护单位；2006 年，公布为全国重点文物保护单位。

回首，堰头上的图案依旧熠熠生辉，它见证了一个家族的兴衰，也见证了一个时代的变迁，如同一处宝藏，等待着后人去挖掘和品味那无尽的历史韵味。

墀头博古瓶，静守岁月长

瓶是大家都很熟悉的器型，中国的"瓶"有着独特的韵味和故事，在胎釉装饰、美观实用等各方面都是世界领先的水平，博古在建筑中的雕刻运用，也彰显了中式器物独特的造型与魅力。出现在墀头上的瓶饰，有玉壶春瓶、梅瓶、琮式瓶、胆式瓶、纸槌瓶、橄榄瓶、双耳瓶等诸多美瓶，并与不同的纹饰结合，形成了丰富的寓意。

在文儒坊 59 号的墀头斜牌堵上，两侧为绘蓝三足双耳瓶，有炉的内敛神秘，又有鼎的庄重威严，下有承盘，组合成沉稳的姿态、大气的造型，整个画面蕴含着稳定感与和谐美。

南后街 121 号的墀头斜牌堵上的柿子插瓶，寓意"万事太平"。画面中柿子的形状圆润饱满，颜色鲜艳，具有很强的视觉吸引力，色彩的对比和搭配增强了装饰的艺术效果。

如意，在中国传统文化中是祥瑞的象征，常出现在宫廷与民间重要场合。灵芝端头代表健康长寿，云形设计契合自然尊崇，寓意着顺遂心意、吉祥如意。其造型独特，一端呈灵芝形或云形，整体线条优美流畅，富有动感。当瓶与如意结合在一起时，更是将"平安如意""平步青云"等美好寓意完美融合。郎官巷 25 号林星章故居、文儒坊 43 号孙翼谋故居、黄巷 28 号陈君耀故居的斜牌上，瓶内就放置了如意、孔雀翎、书卷等物，饰以荸荠、佛手瓜、洞箫等，既具有古韵，又十分有地域特色。

郎官巷 17 号的天后宫，那由瓶与如意等元素组合而成的墀头图，如同一幅绚丽多彩的美好画卷徐徐展开，诸多美好的寓意汇聚其中。而另一侧竹、笔筒、杖、铜钱的组合，更是意义非凡，既代表着人们对学问与智慧的追求和崇尚，彰显出天后宫深厚的文化底蕴，又暗示着人们在追求精神富足之际亦能拥有物质保障。

塔巷 30 号

郎官巷 25 号

南后街 121 号

郎官巷 17 号

文儒坊 59 号

塔巷 30 号王麒故居墀头上也同样有瓶与杖的组合。在这里，杖上绑着一个葫芦。葫芦寓意"福禄"，也用以指代八仙之一的铁拐李，"葫芦岂可只存五福"，可救济众生，为这一组合增添了神秘的色彩和独特的文化内涵。这反映出当时的社会文化和人们的精神追求。另外一侧的橄榄瓶与如意铜钱的组合，也彰显了多样瓶身的意趣。

澳门路 16 号林则徐纪念馆的正门墀头斜牌堵上，画面中还多了洞箫的博古元素。箫是我国古老的吹奏乐器之一，"箫韶九成，凤凰来仪"。传统礼乐是一体的，代表着秩序与和谐。箫代表高雅和纯净的品质，是对林则徐这位历史人物高尚品质的呼应。林则徐以其刚正不阿、爱国爱民的品质著称，这里用箫可以视为对他清正廉洁、坚守正义的一种隐喻。

博古铜钱的文化密码

  铜钱，是中国古代最常见的钱币，外圆内方，中有方孔，象征人和天地的和谐。铜钱从秦代面世到退出历史舞台，流通了两千余年。一枚小小的铜钱，乍看起来并不起眼，但它蕴含着丰富的文化内涵。

  铜钱在墀头上，通常与蝙蝠一起出现，寓意着"福在眼前"。在澳门路16号林则徐纪念馆后门的墀头上就是"蝠衔铜钱"的图案，整个图案明快简洁，

林则徐纪念馆（澳门路 16 号）后门

背后辅以黑色底色，与林则徐纪念馆的庄重肃穆相得益彰。

在中国传统建筑中，蝙蝠入画的图案举目皆是：园林的门窗上、地上铺着、山花浮雕、家具雕刻，陈设的古瓷器彩绘，也包括墀头上……蝙蝠在中国传统文化中，被看作幸福、长寿、仁德与风雅的象征，古代中国人用丰富的移情想象、大胆的艺术手法，将它们装饰在中式建筑中、塑形在墀头之上。

在通湖路 319 号的墀头上，有铜钱、蝙蝠、香炉、寿桃、卷云纹组合而成的图案，这个图案巧妙地传达了"福禄双全""长寿吉祥"等美好寓意。通湖路 315 号、大光里 13 号的墀头上的铜钱与如意、书卷等的组合图案，则寓意着精神世界蕴藏着宝贵财富。

这些博古图案都是历史的珍贵印记，让大家在悠悠的古巷时光里，感受永恒的魅力，值得大家用心去品味、去保护、去传承。

澳门路 16 号

文字图案

　　汉字，是对中国古代文化一种独特的视觉传达。东汉许慎在刘歆的归纳前提下，提出了"六书"学说，即象形、指事、会意、形声、转注、假借这六种造字方法。在中国民间美术领域，众多艺术图案就巧妙地利用了汉字形成的这六种方式，例如，民间美术中的"谐音"和六书中的"假借"如出一辙，皆通过巧妙的联想和转换，赋予了汉字更为丰富的寓意和表现力。

　　在墀头装饰方面，人们常常会直接用吉祥文字作为图案，如"福""禄""寿""喜"等。这些文字有的单独呈现，彰显着简洁而强烈的美好祝愿；有的则与花卉、博古等图案搭配在一起，形成精美的适合纹样。

塀头之福：传承千年的文化瑰宝

"福"，《说文解字》载，形声字，从示畐声，有腹满之意。一切都好即是"福"。生命伊始盼健康成长；学业有成望金榜题名；事业拼搏期步步高升；岁月流转祈祥和安康……福，象征着人们对生活最质朴的心愿。福文化是中华优秀传统文化的重要组成部分，它以独特的精神内涵与表现形式，贯穿了整个华夏文明史，渗透于生命的点点滴滴。

福文化作为中华优秀传统文化的重要一部分，已延续传承几千年，源远流长，寓意深远。"福"字如此美好，它有着丰富广阔的概念，代表着人世间一切美好的事和物。

　　以"福"入市名，对福州人而言，有着满满的自信和骄傲。千百年来，福州人以各种形式传承和演绎着福文化。民俗中，福州人有丰富多样的祈福活动，他们在建筑、服饰、饮食中，用各种生动活泼的形式，表达着对"福"的向往与追求。

　　"有福之州"的福文化，吉祥喜庆，意味深长，根植于山水间，渗透在生活中。在福州坊巷的墀头上就有以"福"为主题的图案，它仿佛是一个神奇的符号，连接着过去与现在，让我们感受到先人们对幸福生活的执着追求。

"福"映墀头，文化传千秋

　　"福"字的出现为建筑增添了吉祥喜庆的氛围，寓意着居住者能够被福气环绕，生活充满喜悦与欢乐。墀头图案中的"福"字仿佛也与周围的建筑和自然景观相互呼应，共同营造出一种和谐美好的氛围。

　　在黄巷4号郭柏荫故居的墀头上就有"福"的龙纹饰样，别具特色。"福"的字体经过精心设计，以环佩"龙"作为"福"字的笔画，笔画粗细均匀、结构严谨。龙纹在中国文化中一直是权力、尊贵和祥瑞的象征，与"福"字相结

郭柏荫、郭化若故居（黄巷 4 号）

合，蕴含着极其丰富的文化内涵。铁画银钩的龙纹蜿蜒灵动、气势非凡，仿佛在诉说着郭家曾经的辉煌与荣耀——五子登科。"福"之一字，不仅体现了居住在此的人对"科举高中""家族兴旺""生活美满"等美好愿景的追求，更是传统文化与家族荣耀的完美融合。

如今，郭柏荫故居经过修缮保护，已成为综合性文化交流和展示平台。这"福"的龙纹饰样也得以保存下来，极为精美，向人们展示着古代工匠的智慧和艺术创造力，让后人能够领略到福州传统文化的独特魅力。

"五子登科"宅邸的智慧传奇

位于黄巷东段北侧黄巷 4 号的郭柏荫故居，始建于明末，面积达 2130 平方米。抬眼望去，是屋檐下挂着的"五子登科"匾，墀头上是简朴大气的"福寿"图案。壮观的门面，墀头经年，素简无言，却大方昭示着一个家族煌煌的过往，有关仕进，有关文名，更有关家风与家教。

这里于 1991 年被市政府挂牌保护，于 2011 年 1 月 1 日正式对外开放，2012 年 2 月门头房挂上了"五子登科"牌匾。"五子登科"牌匾的字仿咸丰皇帝的字题写，体现了郭家的家族文化和科举世家的身份。2013 年，郭柏荫故居被国务院公布为全国重点文物保护单位。

建筑为前后三进，坐北朝南，四面围墙，穿斗式木构架，双坡顶。临街大门六扇，两侧有马头墙，门头房面阔五间。进大门有仪厅，两侧为门房、轿房，穿入石框大门有天井、回廊。第一进厅堂面阔五间，进深七柱，前廊宽敞，青石柱础，古朴雄伟。二进面阔五间，进深五柱。三进为五间排双层书房。东墙外系花厅，三间排厅堂一座，坐北朝南。庭院内百年苹婆树枝叶茂盛，掩映着

假山清池，小池边书写着"墨池"二字，已然干涸，当年的洗笔处也已不见故人影，唯有带着墨香的故事留给后人无限想象。

郭家，一个充满着深厚文化底蕴和强烈家族精神的名门望族。在那个风云变幻的时代，郭家的长辈们深知教育的重要性，他们坚定不移地以诗书传家，用心血与智慧精心培养着下一代。

侯官郭氏自言为唐代郭子仪后人。唐末咸通年间郭子仪裔孙郭嵩，迁入长乐后徙福清，为郭氏始迁祖。其后郭志龙率郭氏一支再迁，"遂籍侯官"。六传至郭式昌祖父郭阶三，勉力儒学，其族始大。

郭阶三（1778—1856），字介平，乳名壁。他于清嘉庆二十一年（1816）中举，之后曾三应官试，只因眼疾无法治愈，不能久宦进仕；曾就学于林则徐

郭柏荫、郭化若故居（黄巷 4 号）

之父林宾日执教的屏山文笔书院，"深得赞赏"；后来又与林则徐成了鳌峰书院的同窗。郭阶三的夫人林桂馨（1779—1860）是闽县林春芳（乾隆五十三年举人）之女，也就是林徽因祖父林孝恂的姑婆。

夫妇二人严格要求，五个儿子勤勉以学，终于在二十年间成就了"五子登科"的盛事：道光十二年（1832），长子郭柏心，举人；道光十二年（1832），次子郭柏荫，进士，并入翰林；道光十四年（1834），三子郭柏蔚，举人；道光二十年（1840），四子郭柏苍，举人；咸丰元年（1851），五子郭柏芗，举人。

"五子登科第；四世翰墨家。"五兄弟皆登科甲后，郭阶三制作了一块"五子登科"牌匾立于门首，纪念这一喜事。后来这块有特别意义的牌匾在其孙郭式昌买下黄巷宅邸时，被移挂于黄巷宅。牌匾与门面上的"福"字墀头相呼应，登科时的"福气"被铭记，更多的"福运"被传承。"五子登科"打下了基础，其此后后辈子侄也十分勤勉，诗礼传家、簪缨不绝，在仕途与文学上都取得了相当的成就。至光绪末年，郭阶三祖孙四代共出了六位进士、十五位举人，还有四位翰林。他们无论为官或是从教，都有口皆碑。

"五子登科"的百年佳话，与人们保护下日渐焕新的宅院一样，在现代依旧闪耀着独特的光芒。再回望"五子登科"，它激励着后人要重视教育，培养人才，为实现自己的人生价值和国家的繁荣富强而努力奋斗。

清廉名臣郭柏荫

　　郭柏荫（1807—1884），号远堂；1828年中举，1832年成进士，任翰林院庶吉士；历官江苏布政使、护理巡抚、湖北巡抚、湖广总督等职。他一生清廉自守，官声卓著，《清史稿》赞其"久任疆圻，泽施于后"。

　　郭柏荫京官生活清贫，发妻沈氏去世时，无收殓款项，幸得林则徐赠金才办完丧事。他并非一直宦海沉浮，辞官还乡时走上传道授业之路，先后主掌清源、玉屏、紫阳、鳌峰等书院达三十多年，尤以在鳌峰书院主讲时间最久，其子侄辈多在此读书。他一生笔耕不辍，著作有《变雅断章衍义》《嘤嘤言》《天开图画楼文稿》等。郭柏荫以其清正廉洁、博学多才，在历史上留下了浓墨重彩的一笔。

郭柏荫、郭化若故居摆设

墀头之寿：古老文化的独特魅力

　　"寿"，《说文解字》载，形声字，从老省，畴声。本义为活得长久，引申转指生命持续的时间。"长寿"自古以来就是人们共同的美好意愿。寿字，不但用于赞美人长寿，还有"物久存，道恒在"的含义。人寿、物寿、道寿，并称"三寿"。古往今来，一个"寿"字，曾衍生出许多类型的代表性艺术，令人回味无穷。

　　寿文化在中国传统文化中一直占据着极为重要的地位，它代表着长寿、安康、幸福与吉祥。这个简单的字符，蕴含着人们对生命的敬重、对美好生活的向往。"寿"常见于书画中，如以"寿"为题材的书画"松柏常青""龟鹤延年""福寿满堂"等，而寿文化还有一个深刻内涵，就是尊老、敬老。

　　墀头上的"寿"字，形态丰富多变，方圆之间，各具特色。端庄的字形展现出一种沉稳大气之美，而那些部分笔画夸张的字形，则为墀头注入了灵动的

水榭戏台（衣锦坊4号）

南后街121号

衣锦坊54号

| 闽山巷 1 号 | 南后街 42 号 | 文儒坊 56 号 | 郎官巷 32 号 |

美感。"寿"字周围往往还会饰以各种吉祥图案，如花草纹、云纹、浪纹等，尤以蝙蝠纹为最，表达了"福寿双全"之美好寓意。

衣锦坊 4 号的水榭戏台，直牌堵上的"寿"字简约大气，四角的蝙蝠纹，似青铜博古、似流云飞鹤，霸气非常。斜牌堵正中是圆形的"寿"字，寓意为"圆寿"，圆润的造型代表着"圆满无缺"。这类"寿"，通常中间以"一""十""田"为中心字画，边上以经典回纹作笔画，象征着岁月的宁静与生活的美满。

南后街 121 号的堵头、衣锦坊 54 号老寿山等宅邸的堵头，长方形直牌堵的正中就是圆形"寿"字，上下环衬花草纹，还塑有"蝠衔铜钱"的图案，寓意着幸福、福气与财富、好运的完美结合，为建筑带来了无尽的祥瑞之气。

而闽山巷 1 号、南后街 42 号、宫巷入口处、文儒坊 56 号许倜业故居的"寿"字堵头强调纵向的字画，皆寓意为"长寿"，形态端庄、简洁大气，给人一种沉稳庄重之感。还有些建筑的堵头会将两边堵头和直、斜牌堵上分别饰以"圆寿"与"长寿"，相互呼应。如郎官巷 32 号，斜牌堵上为"圆寿"，直牌堵上则为长方形"寿"字。

"寿"字堵头所承载的文化魅力，不仅仅在于其精美的外观，更在于它所传达的价值观。在中国传统文化中，长寿被视为一种福气，是人们对生命的珍视和对未来的期盼。这种对生命的尊重和对家族传承的重视，通过堵头的"寿"字得以延续和传承。

临水顾影百年，听风赏曲的"主角"

　　说起水榭戏台，不过是衣锦坊4号民居小花园里的一个建筑而已，却因为太过出名，以至于喧宾夺主，让所在宅子沦为了配角，没有多少人关注。

　　整个宅院始建于明万历年间，原是郑姓住宅。清道光年间为孙翼谋[清咸丰二年（1852）进士，官至湖南布政使]家族所有，之后长期都有孙氏子孙居住。经过多次重修，成为三座毗连、全坊最大的宅院。水榭戏台就位于宅院的花厅

之中，也是宅院最精华所在。

听风、弄月、赏曲，临水顾影几百年，水榭戏台作为古时上流社会的浮光掠影，依旧勾魂摄魄。整个戏台以杉木为主体，面积约30平方米，呈四角形，与花厅相对，轻盈地矗立于水面上。灰塑屋脊，工艺精细，檐角高翘，宛如戏子水袖舞动，柔美而充满力量。斗拱花雕与戏台底座的历史人物雕刻既装扮了戏台，又展现了主人的品位，相得益彰，又相映成趣。这个戏台之所以与众不同，不仅因为它的构造精妙、装饰精美，更因为它有别于传统的三面开口，形成了三面透空、下部架空于水上的独特格局。这样一来，戏台既可通风，预示潮汛，还可通过水的回声增添幽远的效果，给观者更好的听觉享受。

当然，就一个戏台而言，再如何精美也担不起这么大声望。而水榭戏台之所以惊艳，因为它如同进门直牌堵"圆寿"所示那样"圆满无缺"，在展示宅院主人儒雅风趣的情调之余，浸染着中华民族对生命的珍视以及对未来的期盼的文化氛围。试想当年，宅院的主人办春酒、宴宾朋，台上锣鼓喧天，水袖舞动，咿咿呀呀。台下宾客正襟危坐，或又举杯品茗，见景生情时，很难不想起那句："座中泣下谁最多，江州司马青衫湿。"此时，中华民族血液中流淌的团圆、美好、长寿等吉祥的祝愿，在一方临水戏台中化为了真实。人文与自然和谐共生，天、地、人三者之间弥漫着最永恒的真、善、美。

水榭戏台（衣锦坊4号）

墀头四季礼赞：春夏秋冬，岁月凝香

"春夏秋冬"代表着四季轮回，象征着生命的周而复始。古人将其塑形在墀头之上，寓意着家族的延续和传承，希望家族如同四季更替一样，生生不息、繁荣昌盛。

在传统建筑的墀头上使用"春夏秋冬"字样有着诸多讲究。从审美角度来看，"春夏秋冬"的字样通常会以精美的书法字体呈现，与墀头的整体装饰风格相协调。字体的大小、笔画的粗细以及书写的风格都会经过精心设计，以达到美观大方的效果。同时，还可能会搭配一些花卉、鸟兽、山水等图案，使墀头更加生动美观。

例如，南后街 72 号墀头上的"牡丹插瓶春日图"与"莲花插瓶夏韵图"，雅道巷 87 号、通湖路 331 号两处宅邸门面上两边墀头"牡丹灵鹊图"和"鹊舞荷香图"。"牡丹灵鹊图"的"春"景，娇艳的牡丹绽放，绚丽夺目，灵鹊在花丛间跃动，带来春的活力与喜悦；"鹊舞荷香图"的"夏"景，荷叶田田、荷花亭亭，喜鹊在其间翩翩起舞，展现了夏日荷塘的生机勃勃。四季之字都落于图案右上角，布局既符合审美要求，又能够更好地体现"春夏秋冬"的寓意和文化内涵。雅道巷 69 号门面的两处墀头分别为"蝴蝶菊花图"和"喜上梅梢图"。"蝴蝶菊花图"的"秋"景，蝴蝶翩跹、菊花淡雅，仿佛在诉说着秋天的宁静与成熟；"喜上梅梢图"的"冬"景，白梅傲雪，喜鹊枝头欢叫，给人以生机与希望。

从文化传统方面来说，使用"春夏秋冬"字样体现了中国传统文化中对自然的敬畏和顺应。古人认为，人与自然是相互依存的，四季的变化影响着人们

雅道巷 87 号

雅道巷 87 号

雅道巷 69 号

雅道巷 69 号

通湖路 331 号

雅道巷 59 号

的生活和命运。在墀头上使用"春夏秋冬"字样，是人们希望家族能够顺应自然的规律，与自然和谐相处。同时，这也反映了中国传统文化中对时间的认识，提醒人们要珍惜时光，努力奋斗，创造美好的生活。

此外，在墀头的位置和布局上也有讲究。一般来说，"春夏秋冬"字样会分布在墀头的不同部位，以营造对称或均衡的美感。例如，雅道巷 59 号的墀头上，"秋"为"鹊栖秋菊图"，"冬"为"梅绽鹊欢图"，两图繁复美丽，字体简约大方，与精美的图案相得益彰。"秋""冬"二字分别置于图案的左

雅道巷 69 号

上角与右上角，既不显得突兀，又能与图案形成和谐的视觉感。

总之，在墀头上使用"春夏秋冬"字样有着丰富的讲究，它不仅是一种装饰艺术，更是中国传统文化的重要体现，承载着人们对美好生活的向往和追求。

在现代社会，虽然建筑风格发生了巨大的变化，但墀头之上的文化魅力依然不减。墀头成为我们了解古代文化、感受传统价值观的一扇窗口。当我们欣赏那些古老的建筑，看到墀头上的字时，仿佛穿越了时空，与古人对话，体会他们对生命的热爱和对美好生活的追求。

捌

线条图案

线条图案就是以线条为主的图案，一般比较概括简练，矩形的端庄大气、菱形的灵动活泼、圆形的美满和谐……线条以其纯粹的形式展现出一种质朴的魅力，不张扬，却有着一种内敛的力量。三坊七巷墀头线条图案并不多见，就目前拍摄寻访的可分为两类：位于直、斜牌堵之上的矩形，以及位于斜牌堵上的菱形。

在静谧的小巷里，它们与古老的石板路、白墙黛瓦相互映衬，共同营造出一种古朴而又充满艺术气息的空间，为小巷增添了一份秩序之美，让人在不经意间沉醉其中，感受着那份独特的韵味。

横平竖直的格局

　　长与宽的巧妙搭配，角与角的完美对接，线与线的和谐并行，共同构成了"横平竖直"的格局，这也许就是墀头文化对于秩序与平衡的追求。在古人的智慧中，矩形往往被视为沟通天地的桥梁，长度象征着时间的无限延伸，宽度则意味着空间的广阔无垠。矩形的四角，仿佛是四季轮回的寓言，春去秋来，生生不息。在这样的文化语境下，矩形图案不仅呈现出一种凝固的静态，更呈现出一种充满生命力的宇宙动态，它模仿并再现了天地的运行秩序。

　　在墀头的装饰中，矩形同样也是家族荣耀与传统的一部分，代表着屋主对公正、稳定及生命连续性的尊重，比较典型的就是位于文儒坊 21 号（吴孟超先进事迹展示馆）、文儒坊 34 号（蔡赓良故居）的牌堵。

文儒坊 21 号

肝胆两昆仑

文儒坊21号，见证过历史的流转，如今已是吴孟超先进事迹展示馆。展示馆于2017年9月正式建成，展厅面积达1471平方米，大门上挂着"肝胆春秋"牌匾。漫步于此，再回望马鞍墙头图案，那横平竖直的线条，便是对尊重生命最好的诠释。

这里的矩形图案，以其规整的线条和对称的美感，隐喻着秩序与和谐，这与吴孟超院士在医学领域追求的精准与严谨不谋而合。这些静默的图案，虽无声响，却力量十足。它们巧借矩形的文化寓意，传递出对生命尊严和价值的深刻理解，默默地提醒着每一位医者：珍视并守护生命的责任，是至高无上的使命。正如吴孟超院士70余载的从医生涯一般，每一次查房，他总是先握住病人的手，教导青年医生，要关爱病人。一把手术刀，一握就是一辈子。

馆内的陈设丰富而精致，共分为"星耀霄汉 感动中国""追求理想 赤心报国""游刃肝胆 振兴中华""星火传承 英才辈出"等7个展室。珍贵的历史图片、优美的文字解说、鲜活的故事细节，以及现代声光电技术，再现了吴孟超院士从童年到回国、从医、参军、入党、成长、奋斗的历程。他曾说："如果有一天我真的倒下了，就让我倒在手术室里，那将是我一生最大的幸福。"

整个展示馆的外观设计与周围的历史建筑和谐相融，体现了福州传统建筑的风格。馆内装饰简洁而典雅，既有现代感，又不失传统韵味。目前，展示馆通过举办各类教育活动，将吴孟超院士的精神传递给广大青少年和医务工作者，激发他们热爱祖国、献身医学、服务人民的热情。

中国肝胆外科之父

　　吴孟超（1922—2021），福建闽清人，著名的肝胆外科专家、中国科学院院士。他被誉为"中国肝胆外科之父"，是中国肝脏外科的开拓者和主要创始人之一，将毕生精力奉献给了肝胆外科事业，创造了无数个中国肝脏外科的"第一"。他成功实施了我国首例肝脏外科手术，这一具有里程碑意义的事件标志着中国肝脏外科手术领域正式起步，开启了一个崭新的篇章。此后，他带领团队不断攻克肝脏外科的难题，取得了多项重大技术突破。他还创建了我国第一个肝胆外科研究所，并培养了大量专业人才，极大地推动了中国肝胆外科事业的发展。

　　吴孟超院士不仅医术精湛，而且医德高尚。他始终坚持以患者为中心，全心全意服务于人民的健康。在他的领导下，中国的肝胆外科事业取得了令世界瞩目的成就。2021年，吴孟超因病辞世，享年99岁。

肝胆春秋（文儒坊 21 号）展厅

吴孟超院士虽然走了，但他的精神如同那颗被命名为"吴孟超星"的 17606 号小行星一样，永远在璀璨的星河中与日月同辉。

肝胆春秋（文儒坊 21 号）展厅

正义之家的古韵新生

如果说文儒坊 21 号的矩形图案象征着对生命的尊重，那么文儒坊 34 号的矩形图案宛如历史长河中的公正碑石，诉说着对公平正义的坚定信念和对法治信仰的不懈坚守。

这里曾是清光绪年间开封知府蔡赓良的故居。蔡赓良一生坚守法治，不

畏权势，在刑部 20 年，秉公办案，平反大狱 16 起，用实际行动捍卫了清代司法的尊严。直至生命终章，他仍在开封官舍勤勉于公务。

这座建筑建于明万历年间，清代至民国时期多次修葺，占地面积达 1534 平方米，坐北朝南，四周有围墙，整体结构分为四进。

每进院落之间由封火墙分隔，院墙檐下装饰着精美的灰塑彩色花边纹饰。每进院落的正面中央均设有石框门，整座官邸共有三个这样的石框门，门上装有石刻檐石作为顶饰，这些均为明代遗物。门头房临街而建，宽三间，中央为厅，两侧为房间。

首进官厅气派非凡，穿斗式木构架与双坡青灰瓦顶相映成趣，斗拱、雀替、垂柱雕刻细腻入微。院落间，天井与披榭相得益彰，东侧长弄曲折通幽，引至静谧园林。花厅宽广，厢房陈设古色古香，后院有假山鱼池，营造出一种古典园林的意境，体现了中国古代建筑的艺术精髓。

民国初期，蔡赓良后人把首进院落出租给福州籍的辛亥革命同盟会会员、时任福州蒙学堂英文兼体育教员的李郁一家。李郁后迁居他处，蔡宅首进院落于 1948 年易主。该院落一度作为两岸音乐文化交流中心，为海峡两岸音乐文化的交流与发展作出了积极贡献。如今，蔡赓良故居作为可持续发展的交流场所，通过系列的展览和展陈，向往来的旅人生动地展现了文化与历史可持续性的深刻内涵。

蔡赓良故居（文儒坊 34 号）

铁骨铮铮的司法之光

蔡赓良（1821—1881），原名玢，字乔年，号润叔，是清代著名官吏。他出生于连江，祖上在清乾隆年间迁居至文儒坊。蔡赓良在道光二十九年（1849）成为拔贡生，并在廷试中获得一等成绩，之后在京担任刑部小官。他因精明而浑厚的性格、勤奋研究法律以及不轻易与人交游的态度而让同事和朋友信服。

蔡赓良在刑部任职期间，以公正无私著称，多次平反冤案，却从不居功自傲。面对权势与贿赂，他始终保持着清醒的头脑和坚定的立场。一次，云南提督企图以两万两银子作为寿礼贿赂蔡赓良的亲属，他得知后，严词拒绝，并责令亲属退还银两，坚持公正审判。此事在京师引起轰动，还被编成时事戏，传为佳话。

在河南任职期间，蔡赓良更是将公正无私的精神发挥到极致。他不仅精通法律，审理了大量重大案件，还在治理河流上取得显著成效。他生活简朴，一心为民，不带眷属，南北为官，皆以公务为重。在归德（现河南商丘古城）担任知府期间，他积极处理积案，推动地方发展，兴建学校、免除徭役、凿井开渠，政绩斐然。由于长期劳累，蔡赓良在光绪七年（1881）春在开封官舍去世。

蔡赓良与福州多个官宦人家有姻亲关系，其中陈宝琛的七弟陈宝璜便是他的女婿。

曲折婉转的智慧

　　与矩形的稳重格局形成鲜明对比，菱形以独有的灵动与活泼吸引了人们的目光，对称之美在菱形上得到了完美演绎。四边等长，界限分明，对角线相互垂直，构成了一幅精巧的几何画卷。在这个由菱形构筑的思考领域里，每一个交叉点都是智慧的凝结，每一条边线都是信念的延伸和探索。

　　在中国传统文化中，菱形常被视为水的化身，其流动而无形，包容万物。因此，菱形也就象征着智慧与包容的力量。它不仅是对水的静态模仿，更是对水的动态属性的赞美，代表着思想的流动与知识的传播。

　　在三坊七巷墀头图案中，菱形图案极为符合屋主的身份。郎官巷 20 号的主人曾是"西学泰斗"严复先生，其斜牌堵上，便有菱形图案。严复先生一生追求真理和科学，菱形的蜿蜒如同他敏锐的思维，不容妥协地探寻知识的边界。

郎官巷 20 号

严复故居

见证风云的故居

郎官巷是三坊七巷中最短的巷弄，仅延绵百余米，却曲折有致，韵味无穷。青石板的旧时光尽管已被新石条所取代，那份岁月的沧桑悄然隐去，然巷中的幽静、古朴、温婉与恬淡依旧，仿佛在低语着这里发生过的点点滴滴。

在这条充满故事的巷弄中，这座静谧的 20 号宅院记录着近代启蒙思想家严复的晚年生活。这里虽非严复的出生之地，却见证了他归乡后的故事。严复在榕城留下了两处深烙其人生轨迹的故居，一处是位于仓山阳岐的祖宅，另一处便是这里。

而此处住宅还有些来历，据传原本为严复故友林旭的家。戊戌变法失败后，"戊戌六君子"之一林旭惨死于北京菜市口，他的妻子沈鹊应因哀毁过度香消玉殒，之后宅院便没人敢买，一直空着。1920 年，时任福建督军的李厚基买下该宅院，并重新修葺后送给了严复。严复便在此安顿，直至 1921 年与世长辞。

严复故居

虽然严复在这里的岁月短暂，但这段时间却为他留下了无数温馨的记忆。在给友人的信札中，他倾诉道："还乡后，坐卧一小楼，看云听雨之外，有兴时，稍稍临池遣日。"

这座故居坐北朝南，占地面积 609 平方米，主座与花厅两座毗连。主座遵循清式建筑规制，内部三面设有走廊，入门处设有插屏门。大厅宽敞，面阔三间，分为前后厅，两侧为前后厢房。主座前廊西侧有小门通往花厅。

在当时看来，这座故居的建筑风格融合了中西元素，颇具现代风格。门斗两侧的山墙紧连着侧墙，墙头上的菱形图案，不仅彰显了门面气派，更是对传统建筑风格的突破。走廊、栏杆上的花纹采用了民国时期流行的仿西方建筑纹饰。这种中西合璧的设计，不仅反映了严复个人的审美趣味，也映射了那个时代中国知识分子追求新知、拥抱变革的精神面貌。

物競天擇

適者生存

严复故居

西学泰斗

严复（1854—1921），福建侯官（今福州市）人，中国近代资产阶级启蒙思想家、翻译家、教育家。严复出生于儒医世家，自幼学习勤奋，清同治五年（1866）以第一名考入福建船政学堂，成为首届学生。光绪三年（1877），他被派往英国，学习海军专业，还精心研读西方哲学、社会政治学著作等。归国后，他担任福州船政局教习，翌年调任天津北洋水师学堂总教习，后升为会办、总办。甲午战争后，他开始致力于译著，翻译的第一部西方资产阶级学术名著《天演论》，将"物竞天择、适者生存"的进化理论带到中国，唤起国人救亡图存之志。他先后翻译了约 160 万字的西方名著，是近代中国系统翻译、介绍西方资产阶级学术思想的第一人，被誉为中国的"西学泰斗"。

严复毕生倾心教育事业，服务于北洋海军事业 20 年，培养了一大批近现代海军英才。1905 年，他参与创办复旦公学，后出任北京大学首任校长。1921 年，他病逝于郎官巷寓所，与夫人王氏合葬于故乡阳岐鳌头山之阳。

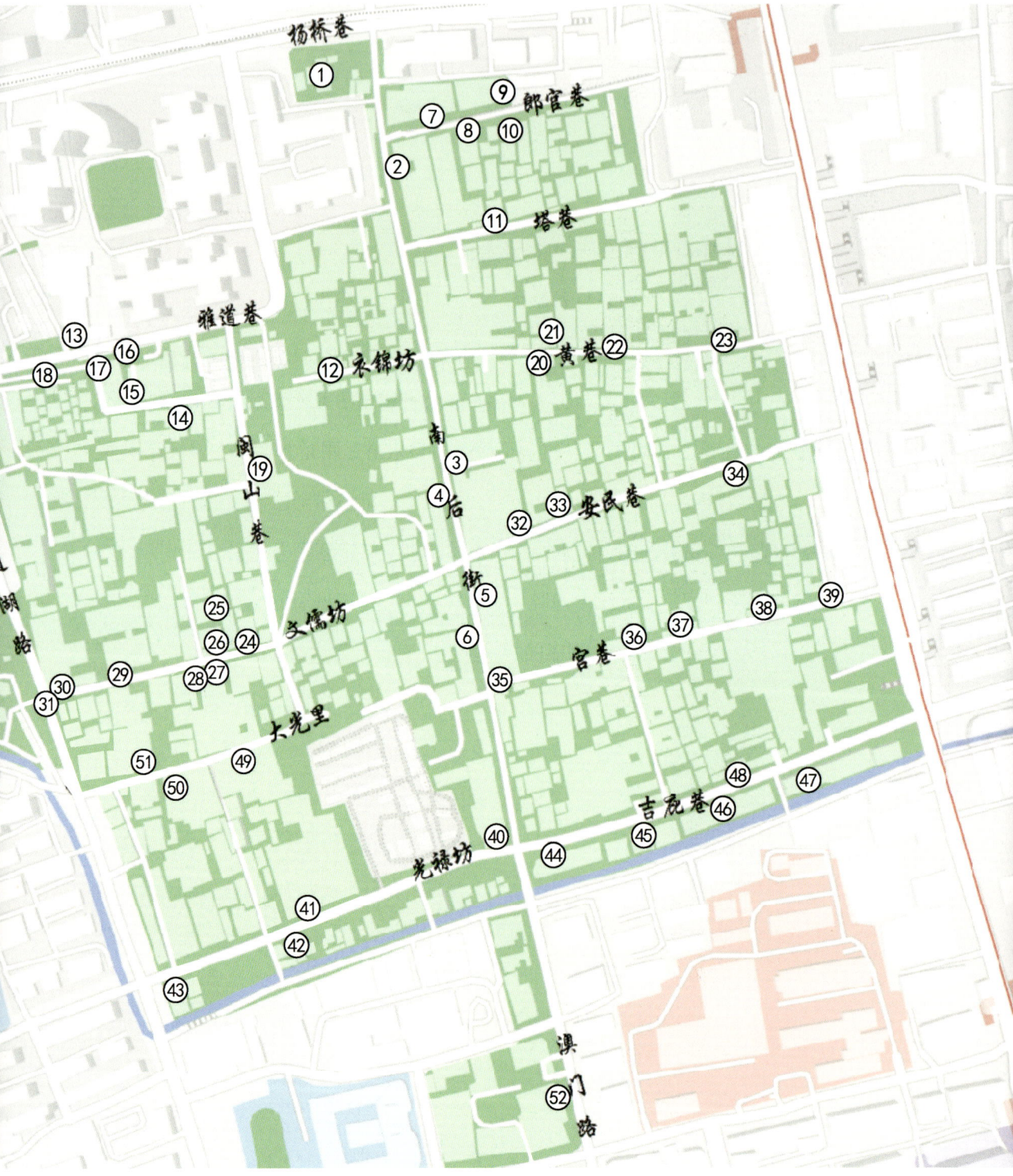

杨桥巷

① 郎官巷
⑨
⑦ ⑧ ⑩
②

⑪ 塔巷

雅道巷
⑬ ⑯ 衣锦坊 ㉑ ㉒ ㉓
⑱ ⑰ ⑫ ⑳ 黄巷
⑮
⑭
闽 ⑲ 南 ㉞
山 ③ ㉝ 安民巷
巷 ④ 后 ㉜ ㉝
㉕ ㉔ 文儒坊 街 ⑤ ㊱ ㊲ ㊳
㉖ ㉔ ⑥ 宫巷 ㊱
㉙ ㉘ ㉗ ㉟
㉚
㉛
大光里
⑤① ㊾ ㊽ ㊼
㊿ 吉庇巷 ㊻
㊺
㊵
光禄坊 ㊹
㊶
㊷
㊸

澳
门
㊲ 路

三坊七巷墘头分布图

1 林觉民·冰心故居（杨桥东路 17 号）

2 南后街 121 号

3 南后街 73 号

4 南后街 72 号

5 南后街 53 号

6 南后街 42 号

7 郎官巷 32 号

8 福建民俗博物馆（郎官巷 25 号）

9 严复故居（郎官巷 20 号）

10 天后宫（郎官巷 17 号）

11 闽台历史文化研究院（塔巷 30 号）

12 水榭戏台（衣锦坊 4 号）

13 衣锦坊 54 号

14 衣锦坊 33 号

15 衣锦坊 67 号

16 雅道巷 59 号

17 雅道巷 69 号

18 雅道巷 87 号

19 闽山巷 1 号

20 黄家大院（黄巷 59 号）

21 小黄楼（黄巷 36 号）

22 陈君耀故居（黄巷 28 号）

23 郭柏荫故居（黄巷 4 号）

24 肝胆春秋（文儒坊 21 号）

25 文儒坊 30 号

26 蔡赓良故居（文儒坊 34 号）

27 孙翼谋故居（文儒坊 43 号）

28 陈承裘故居（文儒坊 45 号）

29 尤家花园（文儒坊 50 号）

30 许倜业故居（文儒坊 56 号）

31 文儒坊 59 号

32 安民巷 31 号

33 福建省文学院（安民巷 16 号）

34 中瑞剧坊（安民巷 58 号）

35 宫巷 30 号

36 沈葆桢故居（宫巷 26 号）

37 林聪彝故居（宫巷 24 号）

38 刘齐衔故居（宫巷 18 号）

39 宫巷 3 号

40 光禄坊 6 号

41 社区博物馆中心展馆
　（光禄坊 34 号）

42 光禄坊 51 号

43 光禄坊 53 号

44 吉庇巷 61–22 号

45 吉庇巷 61–10 号

46 吉庇巷 61–8 号

47 吉庇巷 61–4 号

48 吉庇巷 12 号

49 大光里 13 号

50 大光里 18 号

51 大光里 26 号

52 林则徐纪念馆
　（澳门路 16 号）

参考资料

[1] 汪晓东. 福州马鞍墙装饰图式特点及其成因探析 [J]. 设计艺术研究，2012（04）：106-112.

[2] 吴麒. 三坊七巷古建筑灰塑与彩绘装饰初探 [J]. 华中建筑，2015，33（11）：171-176.

[3] 汪晓东. 福州马鞍墙博古图像生成探析 [J]. 齐鲁艺苑，2012（06）：71-75.

[4] 靳凤华. 福州古厝的彩绘装饰艺术 [J]. 福州大学学报（哲学社会科学版），2021，35（02）：45-49.

[5] 颜宇鸿. 福州地区古建筑灰塑彩绘传统做法和应用 [J]. 福建建设科技，2019（02）：4-7.

[6] 涂烨. 福建地区古建筑灰塑工艺研究 [J]. 福建文博，2016（03）：72-75.

[7]钟葵.青铜器上铸造夔纹祈求风调雨顺[J].意林文汇，2017（14）：54-57.

[8]刘娟."铁血丈夫"林觉民.当代广西，2018（08）：48-49.

[9]王抗生，蓝先琳.中国吉祥图典[M].沈阳：辽宁科学技术出版社，2015.

[10]曾意丹.福州古厝[M].福州：福建人民出版社，2002.

[11]卢美松.坊巷名居[M].福州：福建美术出版社，2015.

[12]黄启权.三坊七巷志[M].福州：海潮摄影艺术出版社，2009.

[13]郭金良，郑启凡.八闽古建雕刻荟萃[M].福州：福建美术出版社，2021.

后 记

　　墙头雕刻风华现，马鞍墙上故事藏。当你轻轻地翻动这些图片，跟随我们的笔触游走于三坊七巷时，或许你已经感受到了这份"看图说话"的诚意。在这里，每一幅墙头雕刻都是故事的载体，每一处风景都是家风的传承，每一位历史人物都在你眼前栩栩如生。

　　马鞍墙上的墙头，不仅是民间艺术的瑰宝，也是福州人共同的文化记忆。在这个科技飞速发展、日新月异的时代，文化的独特性似乎在悄然流逝，现代艺术的潮流正朝着多元、商业与普及的方向奔涌。在这样的时代潮流中，墙头上的图案犹如一条穿梭时空的纽带，将我们带回到那充满故事的岁月中，让我们一睹福州马鞍墙的昔日风华。这些图案，是先人将世界观转化为视觉诗篇的杰作，它们诉说着人们的生活智慧，同时也寄托了对未来的无限憧憬。

　　这本书，不敢妄谈深入研究，但它以最直观的方式，带领你领略了三坊七巷的历史韵味与人文精神。从墙头的精雕细琢到古宅的斑驳岁月，从名人志士的传奇故事到街头巷尾的点点滴滴，每一张图片，都是对三坊七巷细碎时光的深情回望。

　　在这场视觉与文字的旅途中，我们尽力让每一位读者都能感受到三坊七巷墙头文化的独特魅力。我们讲述"六子甲科""与妻书"的故事，不仅为了缅怀过往，更为了启迪未来，让这些宝贵的家风和人物精神得以延续。

　　在此，我们要特别感谢那些在保护与研究墙头文化领域辛勤工作的专家和学者，是你们的努力，让这些历史的碎片得以保留，让我们得以窥见历史的真容，让文化传承有了坚实的依托。感谢福州古厝集团有限公司，是你们的辛勤付出，让更多人了解和欣赏到福州古厝的独特魅力。感谢每一位为这本书贡献力量的团队成员，是你们的专业和热情，让这些历史文化细节得以生动呈现。

同时，我们也要感谢你，亲爱的读者。感谢你与我们一同穿梭时光，感受三坊七巷的历史温度。愿这些图片和文字能够成为你心中的一份美好记忆，让三坊七巷墀头的风景在你的心间停留。

2024年，习近平总书记在福建考察时强调，要在提升文化影响力、展示福建新形象上久久为功。挖掘历史底蕴，传承闽都文脉。虽然这本书只是三坊七巷众多故事中的一小部分，但它承载了我们对于这片历史街区的无尽眷恋。我们期待，这本书能成为你探索三坊七巷乃至中华文化的钥匙，引领你感受生活的美好与热烈。

古榕苍翠映日辉，凤凰紫薇共芳华。亲爱的读者，再会时，愿我们的故事，如吉庇巷中凤凰树，鲜艳而舒展；如衣锦坊中流苏花，纯粹而曼妙；如严复故居中的紫薇，婉约而动人；如三坊七巷中那一株株古榕，苍翠而昂扬。封底特备贞尧仔之作，以歌颂三坊七巷之美，愿此旋律伴随你，让文化之旅如诗如画，心灵自由而丰盈。

2024年11月

图书在版编目（CIP）数据

　　三坊七巷·墙头·门面 / 卢为峰主编；中共福州市
鼓楼区委宣传部编. -- 福州：福建科学技术出版社，
2024.11（2025.3重印）. -- ISBN 978-7-5335-7404-8

　　Ⅰ. TU-862

　　中国国家版本馆CIP数据核字第2024LW4448号

出 版 人　郭　武
责任编辑　柴亚丽
装帧设计　余景雯
责任校对　林峰光

三坊七巷·墙头·门面

主　　编　卢为峰
编　　者　中共福州市鼓楼区委宣传部
出版发行　福建科学技术出版社
社　　址　福州市东水路76号（邮编350001）
网　　址　www.fjstp.com
经　　销　福建新华发行（集团）有限责任公司
印　　刷　福州印团网印刷有限公司
开　　本　787毫米×1092毫米　1 / 16
印　　张　10.75
字　　数　146千字
版　　次　2024年11月第1版
印　　次　2025年3月第2次印刷
书　　号　ISBN 978-7-5335-7404-8
定　　价　78.00元